普通高等教育系列教材

SQL Server 2014 数据库应用教程

主编　崔连和
副主编　朱文龙　黄德海　杨双双
参　编　崔越杭　崔建钊　黄俊达

机械工业出版社

本书根据当前计算机技术发展和高校教学的实际情况，以学做合一、项目引领的方式，结合岗位实际需求，采用"工学结合"的思路，以"案例导入"的形式贯穿全书，用微课视频辅助实际操作。通过本书的学习可迅速掌握 SQL Server 关键知识点，并能将 SQL Server 知识与企业实际需求结合起来。本书在编写上，以实际案例切入、由浅入深，先基础后专业、先实践后理论地进行编排，力求突出语言简洁、通俗易懂、图文生动等特点。

本书为每个实例配套了微课，可以扫描书中的二维码观看。

本书适合本科院校和高职高专院校计算机类专业使用，也适合成人高校学生学习使用，同时也可作为数据库爱好者的工具书。

本书配套授课电子课件，需要的教师可登录 www.cmpedu.com 免费注册，审核通过后下载，或联系编辑索取（QQ：2850823885；电话：010-88379739）。

图书在版编目（CIP）数据

SQL Server 2014 数据库应用教程 / 崔连和主编. —北京：机械工业出版社，2020.4
普通高等教育系列教材
ISBN 978-7-111-64804-8

Ⅰ. ①S… Ⅱ. ①崔… Ⅲ. ①关系数据库系统－高等学校－教材 Ⅳ. ①TP311.132.3

中国版本图书馆 CIP 数据核字（2020）第 030306 号

机械工业出版社（北京市百万庄大街 22 号　邮政编码 100037）
策划编辑：郝建伟　　责任编辑：郝建伟
责任校对：张艳霞　　责任印制：李　昂
河北鹏盛贤印刷有限公司印刷
2020 年 4 月第 1 版·第 1 次印刷
184mm×260mm · 15.5 印张 · 384 千字
0001-2000 册
标准书号：ISBN 978-7-111-64804-8
定价：55.00 元

电话服务　　　　　　　　　网络服务
客服电话：010-88361066　　机　工　官　网：www.cmpbook.com
　　　　　010-88379833　　机　工　官　博：weibo.com/cmp1952
　　　　　010-68326294　　金　书　网：www.golden-book.com
封底无防伪标均为盗版　　机工教育服务网：www.cmpedu.com

前　　言

　　SQL Server 2014 是微软公司出品的主流数据库软件，它提供了一个安全的、健壮的、可扩展的、更易使用和管理的数据操作平台，是数据库解决方案的最佳选择之一，也是目前各高校计算机类及相关专业数据库教学的首选平台。

　　本书根据当前高校教学的实际需要，以及教学改革新形势下学做合一、项目引领教学的潮流，结合企业实际需求，采用"工学结合"的思路，以"案例导入"的形式贯穿全书。通过本书的学习可迅速掌握 SQL Server 的关键知识点，并且快速将 SQL Server 知识应用于实际岗位工作。本书在编写上，以实际案例切入、由浅入深、先基础后专业、先实践后理论地进行编排，力求突出语言简洁、通俗易懂、图文生动的特点。本书具有以下特点。

　　1）任务引领。全书包含 40 余个任务，涵盖了 SQL Server 2014 的全部知识点，同时也涵盖了 SQL Server 2014 在岗位上的实际需求。每个实例均浅显易懂，实现了理论知识和企业需求的双边驱动。

　　2）图文导航。全书有 240 余幅图片辅助文字说明，每幅图片均与讲解内容密切配合。很多图片为操作导航图，用图示对操作步骤进行了标注，既清晰易懂，又简洁明了，使操作者看书即可独立完成操作。

　　3）通俗简洁。本书在语言上力求通俗化，便于学生自学，也便于计算机爱好者使用，全书内容尽量做到读者一看即懂，实例一练就会。

　　4）配套多样化。本书充分考虑到学生自学、教师备课的需要，本着方便师生的原则，在配套资源上进行了综合设计，包括教学课件、题库、教学大纲、教学计划、实训大纲、实训计划、教案、讲稿等材料，还特别为每个实例配套了微课。

　　读者可以使用移动设备的相关软件（如微信、QQ）中的"扫一扫"功能扫描书中提供的二维码，在线查看相关微课视频资源（音频建议用耳机收听）。

　　全书内容全面，自成体系，循序渐进地讲解了 SQL Server 2014 的使用技术。本书适合高等院校和高职高专院校学生使用，也可作为职业技术培训教材，同时也是一本编程爱好者的学习参考书。本书由崔连和任主编，朱文龙、黄德海、杨双双担任副主编，其中第 1 章由崔越杭编写，第 2、3、4 章由崔连和编写，第 5、6、7 章由朱文龙编写，第 8、9、10 章由杨双双编写，第 11、12 章由黄德海编写，参与本书编写的还有吉林大学在读博士崔建钊、东北石油大学黄俊达，在此一并致谢。

　　由于编者水平有限，疏漏之处在所难免，恳望广大读者批评指正。

编　者

目 录

前言
第 1 章 数据库概述 1
 1.1 数据库概述 2
  1.1.1 数据 2
  1.1.2 数据管理 2
  1.1.3 数据库系统的组成 3
  1.1.4 数据库的分类 3
  1.1.5 关系数据库的几个概念 4
 1.2 SQL Server 数据库技术 5
  1.2.1 常用数据库管理系统 5
  1.2.2 本书知识体系 7
  1.2.3 SQL 语言简介 8
 1.3 本书所使用的范例数据库 8
  1.3.1 常用数据库管理系统 8
  1.3.2 OASystem 数据库 9
  1.3.3 载入实例数据库 11
 1.4 MTA 微软 MTA 认证考试样题 1 12
第 2 章 SQL Server 2014 的安装与使用 16
 2.1 任务一 SQL Server 2014 的安装 17
 2.2 任务二 登录 SQL Server 2014 29
 2.3 任务三 使用 SQL Server 2014 32
 2.4 MTA 微软 MTA 认证考试样题 2 37
第 3 章 数据库操作 40
 3.1 任务一 使用图形方式创建数据库 41
 3.2 任务二 使用命令创建数据库 46
 3.3 任务三 数据库管理 50
 3.4 MTA 微软 MTA 认证考试样题 3 58
第 4 章 数据表操作 62
 4.1 任务一 使用图形方式创建表 63
 4.2 任务二 使用命令方式创建表 68
 4.3 任务三 修改表的结构 70
 4.4 任务四 删除表 75
 4.5 任务五 表的索引 78
 4.6 MTA 微软 MTA 认证考试样题 4 84

第 5 章 查询操作 ·········· 87
- 5.1 任务一 使用简单查询 ·········· 88
- 5.2 任务二 使用条件查询 ·········· 92
- 5.3 任务三 使用统计查询 ·········· 97
- 5.4 任务四 使用分组查询 ·········· 101
- 5.5 任务五 使用排序查询 ·········· 104
- 5.6 任务六 使用嵌套查询 ·········· 106
- 5.7 任务七 使用连接查询 ·········· 110
- 5.8 任务八 使用其他连接查询 ·········· 113
- 5.9 MTA 微软 MTA 认证考试样题 5 ·········· 116

第 6 章 T-SQL 语言 ·········· 121
- 6.1 任务一 T-SQL 语言基础 ·········· 122
- 6.2 任务二 使用函数 ·········· 127
- 6.3 任务三 使用流程控制语句 ·········· 133
- 6.4 任务四 使用游标 ·········· 139
- 6.5 MTA 微软 MTA 认证考试样题 6 ·········· 142

第 7 章 视图操作 ·········· 146
- 7.1 任务一 创建视图 ·········· 147
- 7.2 任务二 管理视图 ·········· 154
- 7.3 MTA 微软 MTA 认证考试样题 7 ·········· 160

第 8 章 数据完整性 ·········· 164
- 8.1 任务一 规则的创建与管理 ·········· 165
- 8.2 任务二 PRIMARY KEY 约束 ·········· 171
- 8.3 任务三 FOREIGN KEY 约束 ·········· 174
- 8.4 任务四 其他约束 ·········· 177
- 8.5 MTA 微软 MTA 认证考试样题 8 ·········· 182

第 9 章 存储过程 ·········· 186
- 9.1 任务一 创建存储过程 ·········· 187
- 9.2 任务二 创建带参数的存储过程 ·········· 193
- 9.3 任务三 管理存储过程 ·········· 195
- 9.4 MTA 微软 MTA 认证考试样题 9 ·········· 198

第 10 章 触发器 ·········· 201
- 10.1 任务一 创建 DML 触发器 ·········· 202
- 10.2 任务二 管理 DML 触发器 ·········· 206
- 10.3 任务三 创建及管理 DDL 触发器 ·········· 209
- 10.4 MTA 微软 MTA 认证考试样题 10 ·········· 213

第 11 章 备份与恢复 ·········· 215
- 11.1 任务一 数据库备份 ·········· 216

11.2 任务二 数据库恢复 ··· 219
11.3 MTA 微软 MTA 认证考试样题 11 ··· 223
第 12 章 数据库安全管理 ··· 226
12.1 任务一 安全认证 ··· 227
12.2 任务二 账户管理 ··· 228
12.3 任务三 角色管理 ··· 236
12.4 MTA 微软 MTA 认证考试样题 12 ··· 239
参考文献 ·· 242

第 1 章　数据库概述

内容摘要

数据库技术已经成为信息化时代的核心技术，而应用数据库技术而产生的数据库系统也已经被广泛地应用于各行各业。数据库技术是管理数据最有效的手段，很大程度上促进了计算机应用的发展。数据库的主要作用是存储和管理数据，可以把它看成是存储数据的"仓库"。本章系统地讲述了数据的基础理论、基础技术、基本方法以及组成等知识，并简单介绍了本书的实例数据库"OASystem"。

本章要点

1. 数据库概述。
2. SQL Server 数据库技术。
3. 数据库对象。
4. 本书所使用的数据库。

1.1 数据库概述

信息化社会，数据库技术发展极为迅速、应用越来越广泛。SQL Server 是目前十分优秀的数据库管理系统之一。它采用了可视化的、面向对象的程序设计方法，大大简化了应用系统的开发过程。

1.1.1 数据

数据、信息、数据处理是学习数据库的三个基本概念，将最原始的数据提炼成为有用的信息，这是一个完整的数据处理过程。

1. 数据

数据是记录反映客观事物并能被鉴别的符号。如语言、文字、声音、图像等均可称为数据。通常所说的数据是广义的，它分为数值型数据和非数值型数据。例如，反映一个人的基本情况可用身高、体重、年龄等数值型数据，也可用姓名、性别、文化程度等非数值型数据。

2. 信息

信息在一般意义上被认为是有一定含义的、经过加工处理的、对决策有价值的数据。例如，某班学生在期末考试中，一共考了语文、数学、英语三门课，可以由每名学生的三科成绩相加求出其总分，进而再排出名次，从而得到了有用的信息。

可见，所有的信息本身都是数据。而数据只有经过提炼和抽象之后，具有了使用价值才能称为信息。经过加工所得到的信息仍以数据的形式表现，此时的数据是人们认识信息的一种媒体。

3. 数据处理

在计算机的发展史中，其应用从最初的数值计算发展到数据处理。数据处理是指对各种类型的数据进行收集、存储、分类、计算、加工、检索及传输的过程。数据处理的目的是得到信息。数据处理有时也称为信息处理。

1.1.2 数据管理

数据处理的核心问题是数据管理。数据管理是指对数据的分类、组织、编码、储存、检索和维护等。在计算机软、硬件发展的基础上，在应用需求的推动下，数据管理技术得到了很大的发展，它经历了人工管理、文件系统和数据库管理 3 个阶段。

1. 人工管理阶段（20 世纪 50 年代中期以前）

这一阶段的特征是数据和程序一一对应，即一组数据对应一个程序，数据面向应用，用户必须掌握数据在计算机内部的存储位置和方式，不同的应用程序之间不能共享数据。

人工管理数据有两个缺点，一是应用程序与数据之间依赖性太强，不独立；二是数据组和数据组之间可能有许多重复数据，造成数据冗余，数据结构性差。

2. 文件系统阶段（20 世纪 50 年代后期至 60 年代中期）

这一阶段的特征是把数据组织在一个个独立的数据文件中，实现了"按文件名进行访问、按记录进行存取"的管理技术。在文件系统中，按一定的规则将数据组织成一个文件，应用程序通过数据库对文件中的数据进行存取加工。至今文件系统仍是一般高级语言普遍采用的数据管理方式。文件系统对数据的管理，实际上是通过应用程序和数据之间的接口实现的。

3．数据库管理阶段（20世纪60年代后期以来）

在20世纪60年代后期，计算机性能得到很大提高，人们为了克服文件系统的不足，开发了一种软件系统，称之为数据库管理系统。从而将传统的数据管理技术推向一个新阶段，即数据库管理阶段。

一般而言，数据库系统由计算机软、硬件资源组成。它实现了有组织、动态存储大量关联数据，并且方便多用户访问。它与文件系统的重要区别是数据能充分共享、交叉访问、应用程序独立性高。通俗地讲，数据库系统可把日常的一些表格、卡片等数据有组织地集合在一起，输入到计算机中，然后通过计算机进行处理，再按一定要求输出结果。

1.1.3 数据库系统的组成

数据库系统（Database System，DBS）实际上是一个应用系统，它是在计算机硬、软件系统支持下，由存储设备上的数据、数据库管理系统、数据库应用程序和用户构成的数据处理系统。

（1）数据

这里的数据是指数据库系统中存储在存储设备上的数据，它是数据库系统操作的主要对象。存储在数据库中的数据具有集中性和共享性。

（2）数据库管理系统

数据库管理系统是指负责数据库存取、维护和管理的软件系统，它对数据库中的数据资源进行统一管理和控制，起着用户程序和数据库数据之间相互隔离的作用。数据库管理系统是数据库系统的核心，其功能强弱是衡量数据库系统性能优劣的主要方面。数据库管理系统一般由计算机软件公司提供。

（3）应用程序

应用程序是指为适合用户操作、满足用户需求而编写的数据库前台应用程序。

（4）用户

用户是指使用数据库的人员。数据库系统中的用户主要有终端用户、应用程序员和数据库管理员3类。终端用户是指计算机知识不多的工程技术人员及管理人员，他们只能通过数据库系统所提供的命令语言、表格语言以及菜单等交互对话手段使用数据库中的数据。应用程序员是指为终端用户编写应用程序的软件人员，他们设计的应用程序的主要用途是使用和维护数据库。数据库管理员（Database Administrator，DBA）是指全面负责数据库系统正常运转的高级技术人员，他们负责对数据库系统本身的深入研究。

1.1.4 数据库的分类

从数据库的发展过程看，数据库主要分为层次数据库、网状数据库、关系数据库、面向对象数据库4类。

1．层次数据库

层次数据库将数据通过一对多或父结点对子结点的方式组织起来。一个层次数据库中，根表或父表位于一个类似于树形结构的最上方，它的子表中包含相关数据。层次数据库的结构就像是一棵倒转的树。其优点主要有快速的数据查询和便于管理数据的完整性。其缺点主要有用户必须十分熟悉数据库结构、需要存储较多的冗余数据。

2．网状数据库

现实世界中事物之间的联系大多是非层次的，用层次数据库表示这种联系很不直观，网状数据库克服了这一弊端，可以清晰地表示这种关系。网状数据库采用连接指令或指针来组织数据，数据间为多对多的关系。矢量数据描述时多用这种数据结构。其优点主要有快速的数据访问，用户可以从任何表开始访问其他表数据，便于开发更复杂的查询来检索数据。其缺点主要有不便于数据库结构的修改，数据库结构的修改将直接影响访问数据库的应用程序，用户必须掌握数据库结构等。

3．关系数据库

关系数据库是建立在数学基础上的数据库结构，相比于层次数据库和网状数据库，关系数据库是更重要的数据库，也是目前最流行的数据库结构。数据存储的主要载体是表，或相关数据组。有一对一、一对多、多对多三种表关系。表关联是通过引用完整性定义的，这是通过主码和外码（主键或外键）约束条件实现的。其优点主要有数据访问快、便于修改数据库结构、逻辑化表示数据、容易设计复杂的数据查询来检索数据、容易实现数据完整性、数据通常具有更高的准确性、支持标准 SQL 语言。

4．面向对象数据库

它允许用对象的概念来定义与关系数据库交互。值得注意的是，面向对象数据库设计思想与面向对象数据库管理系统理论不能混为一谈。前者是数据库用户定义数据库模式的思路，后者是数据库管理程序的思路。

面向对象数据库中有两个基本的结构：对象和字面量。对象是一种具有标识的数据结构，这些数据结构可以用来标识对象之间的相互关系。字面量是与对象相关的值，它没有标识符。

1.1.5　关系数据库的几个概念

1．字段（Field）

字段是表中存储特定类型的数据的位置，通常为事物的一个属性。例如，EMPLOYEE-RECORD 可以包含用于存储 Last-Name、First-Name、Address、City、State、Zip-Code、Hire-Date、Current-Salary、Title、Department 等内容的字段。单个字段以其最大长度和其中可放置的数据类型（例如，字符、数字或货币）为特征。用于创建这些规范的语句，通常包含在数据定义语言（DDL）中。在关系数据库管理系统（RDMS）中，字段称为列。一个字段占表中的一个位置。

2．列（Column）

列在 RDMS 中为特性的名称。形成特定实体描述的列值集合称为元组或行。列等同于非关系文件系统中记录的字段。

3．记录（Record）

记录是字段（元素）集合形式的数据结构，每个字段都有其自己的名称和类型。一条记录为一组横跨一行的字段。

4．表（Table）

在 RDMS 中，数据结构以行和列为特征，数据存储于行列交集形成的每个单元格中，从而形成表。表是基本的关系结构。一个表为一组行和列的集合。

5．关键字（Keyword）

为了确定一条具体的记录，通常使用一种称为关键字的术语来描述，所谓关键字就是能够唯一确定记录的字段或字段的集合。有了关键字就可以很方便地使用指定的记录。

6．关系组成与性质

一个关系实际上就是一个表，表是由不同的行和列组合而成的，如图 1-1 所示是个学生关系。

学号	姓名	性别	专业	出生日期
0103001	王晓丽	女	财务管理	1990-3-23
0103102	王妍	女	工商管理	1989-7-20
0103209	张宏伟	男	英语	1990-4-20
0103315	李小伟	女	化学	1991-8-23
0103410	张春才	男	软件工程	1988-5-21
0103539	黄健	女	计算机	1990-6-23

图 1-1　学生关系

从图 1-1 中可以看出，学生关系是由表结构和表记录组成的一个表。在这个表中有 5 列，即 5 个字段，有 6 行，即 6 条记录。表结构部分表示字段名、字段类型和字段宽度，如学号字段，其名为"学号"；类型为 C（字符型）、宽度为 8。表记录部分表示一条一条的记录值。

7．关系映射

1）一对一：一对一关系是两个表之间一对一的关联，其中，主表中每条记录的主键值对应于相关表中一个且仅一个记录的匹配字段中的值。

2）一对多：一对多关系很普遍。就是一个主对象下可以有多个相关对象。而某个相关对象只能属于某个主对象。

3）多对多：多对多关系是两组参数之间的复杂关联，其中，每组参数的很多参数可以与另一组参数中的很多参数相关。

4）父/子关系：父/子关系是树数据结构中节点之间的关系，其中，父比子距离根更近一步，即更高一级。

1.2　SQL Server 数据库技术

1.2.1　常用数据库管理系统

常见的数据库管理系统主要有 Access、SQL Server、Oracle、MySQL、FoxPro 和 Sybase 等。其中 Access 属于小型桌面数据库管理系统，功能较简单，主要在开发单机版软件中用到。SQL Server、Oracle 则属于中大型数据库，应用十分广泛。随着 Linux 操作系统的流行，开源软件的理念深入人心，MySQL 作为免费的数据库越来越受到程序员的青睐。

1．Access

Access 是在 Windows 操作系统下工作的关系型数据库管理系统。它采用了 Windows 程序设计理念，以 Windows 特有的技术设计查询、用户界面、报表等数据对象，内嵌了 VBA（Visual Basic Application）程序设计语言，具有集成的开发环境。Access 提供图形化的查询工具和屏幕、报表生成器。用户建立复杂的报表、界面时无需编程和了解 SQL 语言，它会自动生成 SQL 代码。Access 被集成到 Office 中，具有 Office 系列软件的一般特点，如菜单、工具栏等。与其他数据库管理系统软件相比，更加简单易学，一个普通的计算机用户，没有程序语言基础，仍然可以快速地掌握和使用它。最重要的一点是，Access 的功能比较强大，足以应付一般的数据管理及处理需要，适用于中小型企业数据管理的需求。当然，在数据定义、数据可靠性、数据可控性等方面，比其他几种数据库产品要逊色不少。

2. SQL Server

SQL 即结构化查询语言（Structured Query Language）。SQL Server 最早出现在 1988 年，当时只能在 OS/2 操作系统上运行。2000 年 12 月微软发布了 SQL Server 2000，该软件可以运行于 Windows NT/2000/XP 等多种操作系统之上，是支持客户机/服务器结构的数据库管理系统，它可以帮助各种规模的企业管理数据。随着用户群的不断增大，SQL Server 在易用性、可靠性、可收缩性、支持数据仓库、系统集成等方面日趋完美。特别是 SQL Server 的数据库搜索引擎，可以在绝大多数的操作系统之上运行，并针对海量数据的查询进行了优化。目前 SQL Server 已经成为应用最广泛的数据库产品之一。

3. Oracle

Oracle 是 1983 年推出的世界上第一个开放式商品化关系型数据库管理系统。它采用标准的 SQL 结构化查询语言，支持多种数据类型，提供面向对象存储的数据支持，具有第四代语言开发工具，支持 UNIX、Windows NT、OS/2、Novell 等多种平台。除此之外，它还具有很好的并行处理性能。Oracle 产品主要由 Oracle 服务器产品、Oracle 开发工具、Oracle 应用软件组成，也有基于微机的数据库产品。主要满足银行、金融、保险等企业、事业单位开发大型数据库的需求。

4. Sybase

1987 年推出的大型关系型数据库管理系统 Sybase，能运行于 OS/2、UNIX、Windows NT 等多种平台，它支持标准的关系型数据库语言 SQL，使用客户机/服务器模式，采用开放体系结构，能实现网络环境下各节点上服务器的数据库互访操作。技术先进、性能优良，是开发大中型数据库的工具。Sybase 产品主要由服务器产品 Sybase SQL Server、客户产品 Sybase SQL Toolset 和接口软件 Sybase Client/Server Interface 组成，还有著名的数据库应用开发工具 PowerBuilder。

5. MySQL

MySQL 是一个小型关系型数据库管理系统，开发者为瑞典 MySQL AB 公司。在 2008 年 1 月 16 日被 Sun 公司收购，而 Sun 公司又被 Oracle 公司收购。目前 MySQL 被广泛地应用在 Internet 上的中小型网站中。由于其体积小、速度快、总体拥有成本低，尤其是开放源码这一特点，使得许多中小型网站为了降低网站总体成本而选择了 MySQL 作为网站数据库。

6. FoxPro

Visual FoxPro 由 FoxPro 延伸而来，原名 FoxBASE，是美国 Fox Software 公司在 1984 推出的数据库产品。FoxPro 在 DOS 上运行，与 FoxBASE 系列相兼容。FoxPro 是 FoxBASE 的加强版，1992 年 Fox Software 被微软收购。Visual FoxPro 是在 dBASE 和 FoxBASE 系统的基

础上发展而成的。20 世纪 80 年代初期，dBASE 是 PC 上最流行的数据库管理系统，当时大多数的管理信息系统采用了 dBASE 作为系统开发平台。后来出现的 FoxBASE 几乎完全支持了 dBASE 的所有功能。2007 年 3 月，微软公司宣布 Visual FoxPro 9 将是微软的最后一款桌面数据库开发工具软件。

1.2.2 本书知识体系

目前，Windows 占据着操作系统的大部分市场，微软公司在软件技术领域仍然遥遥领先。所以在学习数据库技术的过程中，首选 SQL Server 数据库管理系统。SQL Server 技术中包含的知识点及其关系如图 1-2 所示。

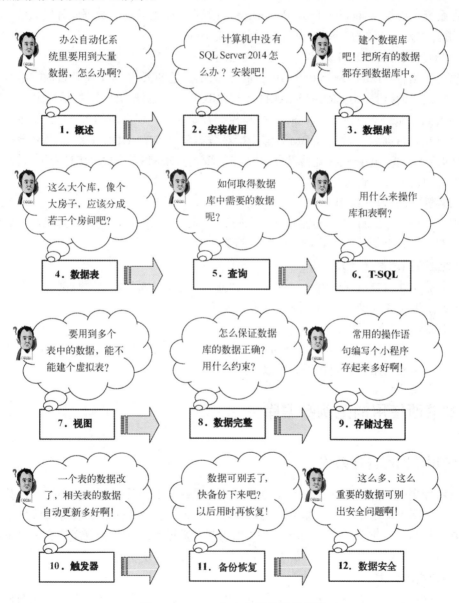

图 1-2 SQL Server 知识体系示意图

本书从实际需求出发,以数据库为核心,介绍了数据库操作、表操作、SQL 语言、视图、数据完整性、存储过程、触发器、数据安全、备份恢复等多个知识点,全书围绕一个综合应用实例"OASystem"数据库展开。各部分的主要功能如图 1-2 所示。

1.2.3　SQL 语言简介

SQL 是结构化查询语言(Structured Query Language)的英文缩写,最早是 IBM 的圣约瑟研究实验室为其关系数据库管理系统 System R 开发的一种查询语言,它的前身是 Square 语言。SQL 语言结构简洁,功能强大,简单易学,所以自从 IBM 公司 1981 年推出以来,SQL 语言得到了广泛的应用。如今无论是 Oracle、Sybase、DB2、Informix、SQL Server 这些大型的数据库管理系统,还是 Visual FoxPro、PowerBuilder 这些 PC 上常用的数据库开发系统,都支持将 SQL 语言作为查询语言。SQL 语言主要分为 4 个部分。

1. 数据定义语言(DDL)

数据定义语言(Data Definition Language,DDL)是 SQL 语言集中负责数据结构定义与数据库对象定义的语言,由 CREATE、ALTER 与 DROP 三个语法所组成,最早是由 CODASYL (Conference on Data Systems Languages)数据模型开始使用,现在被纳入 SQL 指令中作为其中的一个子集。目前大多数的 DBMS 都支持对数据库对象的 DDL 操作,部分数据库(如 PostgreSQL)可以把 DDL 放在交易指令中。较新版本的 DBMS 会加入 DDL 专用的触发程序,让数据库管理员可以追踪来自 DDL 的修改。

2. 数据操作语言(DML)

数据操作语言(Data Manipulation Language,DML),用户通过它可以实现对数据库的基本操作。例如,对表中数据的查询、插入、删除和修改。

3. 数据查询语言(DQL)

数据查询语言(Data Query Language,DQL),用来完成对数据库数据的查询,就是用 SELECT 命令来完成数据的查询、筛选和排序等操作。

4. 数据控制语言(DCL)

数据控制语言(Data Control Language,DCL),用来控制用户在数据库中进行的数据访问,一般用于创建与用户访问相关的对象。

1.3　本书所使用的范例数据库

1.3.1　常用数据库管理系统

本书所使用的数据库是一个中小型办公自动化系统的数据库"OASystem",该数据库是一个从实际应用中提炼出来的数据库,具有很好的代表性。该中小企业管理系统采用 Visual Studio 2010 作为开发平台,SQL Server 2014 作为开发数据库,C#作为开发语言,设置了三级后台,分别为管理员、办公人员、员工。系统实现了以下主要功能。

1. 用户权限管理

能对管理员、办公人员、员工等多种角色用户进行有效管理,并能设定相应的权限,从而保证系统的安全性与稳定性。

2．人事管理

主要实现对机构部门员工相关人事信息的基本管理及其统计查询等。

3．日程管理

主要实现公司各部门和个人日程的管理，并设置有日程安排提醒以及个人日程的综合查询功能。

4．文档管理

能实现办公文档从起草到发布整个流程的基本管理，包括在权限管理下的文件上传、下载、打印等服务。

5．消息传递

实现了公司内部人员相互通信以及即时通报工作会议等，能实现即时消息的在线通知。

6．考勤管理

能完成员工日常出勤信息的管理，并能对其进行统计分析。

1.3.2 OASystem 数据库

本书所使用的数据库名称为"OASystem"，现将库中几个常用表的结构说明如表1-1～表1-6所示。

表1-1 Department 表

表名	Department			
说明	部门数据表			
字段	类型	是否允许为空	说明	备注
Departid	int	否	部门编号	主键、自动编号
Name	nvarchar(50)	是	部门名称	

表1-2 Users 表

表名	Users			
说明	用户数据表			
字段	类型	是否允许为空	说明	备注
UserId	int	否	用户编号	主键、自动编号
UserName	nvarchar(50)	是	用户名称	
Password	nvarchar(50)	是	登录密码	
Role	int	是	用户角色	

表1-3 Schedule 表

表名	Schedule			
说明	日程数据表			
字段	类型	是否允许为空	说明	备注
Id	int	否	记录编号	主键、自动编号
UserId	int	是	用户编号	
Contents	ntext	是	日程内容	
CreateDate	datetime	是	时间记录	
Grade	int	是	所属等级	

表 1-4 Attendance 表

表名	Attendance			
说明	出勤数据表			
字段	类型	是否允许为空	说明	备注
ID	int	否	编号	主键、自动编号
UserId	int	是	用户编号	
Attend	bit	是	出勤	
Late	bit	是	迟到	
Early	bit	是	早退	
Sick	bit	是	病假	
Leave	bit	是	事假	
Absent	bit	是	旷工	
Breaks	bit	是	休息	
CreateDate	datetime	是	创建时间	

表 1-5 News 表

表名	News			
说明	新闻数据表			
字段	类型	是否允许为空	说明	备注
ID	int	否	记录编号	主键、自动编号
Title	nvarchar(MAX)	是	标题	
Contents	ntext	是	内容	
Author	nvarchar(50)	是	作者	
Source	nvarchar(50)	是	出处	
CreateDate	datetime	是	上传日期	
Hit	int	是	阅读次数	
Type	nvarchar(50)	是	类型	

表 1-6 File 表

表名	File			
说明	档案数据表			
字段	类型	是否允许为空	说明	备注
UserID	int	否	用户编号	主键、自动编号
DepartId	int	是	部门 ID	
PostName	nvarchar(50)	是	职务名称	
Duty	nvarchar(50)	是	职称	
Name	nvarchar(50)	是	姓名	
Sex	nvarchar(50)	是	性别	

（续）

字段	类型	是否允许为空	说明	备注
Age	int	是	年龄	
email	nvarchar(50)	是	电子邮箱	
Tel	nvarchar(50)	是	电话号码	
qq	nvarchar(50)	是	QQ 号码	
Phone	nvarchar(50)	是	手机号码	
Address	nvarchar(MAX)	是	家庭住址	
Years	nvarchar(50)	是	教育年限	
Birthday	datetime	是	出生日期	
Education	nvarchar(50)	是	学历	
Nation	nvarchar(50)	是	民族	
Faith	nvarchar(50)	是	宗教信仰	
Face	nvarchar(50)	是	政治面貌	
Code	nvarchar(50)	是	邮政编码	
BirthPlace	nvarchar(MAX)	是	籍贯	
PersonCode	nvarchar(50)	是	身份证号	
SoucityID	nvarchar(50)	是	社保号	
ProFessional	nvarchar(50)	是	学历专业	
CreateDate	datetime	是	建档时间	
Specialty	nvarchar(50)	是	特长	
Hobby	nvarchar(50)	是	爱好	
Curriculum	ntext	是	个人履历	
Family	ntext	是	家庭关系	
Remark	ntext	是	备注	
ImgURL	nvarchar(50)	是	上传相片	

1.3.3 载入实例数据库

将数据库恢复到 SQL Server 2014 系统中主要有两种方法，这里进行简单介绍。通过这两种方法可以将数据库载入到系统中供用户查看。

1. 以恢复的方式

该方式需要拥有数据库的备份文件，否则不能将数据库恢复到系统中，具体步骤如下。

步骤 1：启动 SQL Server Management Studio，进入 SQL Server 2014 图形管理界面。

步骤 2：在"对象资源管理器"中，右击"数据库"节点，在弹出的快捷菜单中单击"新建数据库"命令，创建一个名为"OASystem"的数据库。

步骤 3：在"对象资源管理器"中，右击目标数据库"OASystem"节点，在弹出的快捷菜单"任务"中单击"还原数据库"命令。通过系统的还原功能，将原数据库的备份文件恢复到新建的"OASystem"数据库中，详细操作将在后续章节介绍。

友情提醒：新建的数据库与原数据库备份文件的名称相一致。

2. 以附加的方式

该方法需要用户拥有数据库的 MDF 和 LDF 文件。

步骤 1：启动 SQL Server Management Studio，在"对象资源管理器"中，右击"数据库"节点，在弹出的快捷菜单中单击"附加"命令。

步骤 2：在弹出的"附加数据库"对话框中，选择"OASystem"数据库数据文件及日志文件的存储路径，进行附加。详细操作将在后续章节介绍。

通过以上步骤，本书的实例数据库"OASystem"就载入到 SQL Server 2014 中，后续章节的相关知识都是围绕本数据库进行讲解的。

1.4 MTA 微软 MTA 认证考试样题 1

样题 1-1

位于印度 Pune 市的中学生 Raj 在他父亲的自行车店中做兼职工作。Pune 是印度第一个有专用自行车道的城市。Raj 的父亲目前使用铅笔和纸张来跟踪他的库存。订购部件和附件或统计库存需要几天时间。Raj 在学校正学习数据库管理课程，他意识到如果实现数据库管理系统，他父亲的业务可以极大地受益。在开始之前，Raj 需要复习几个基本概念，因此，在项目的第一步，他制作了一个他认为很重要的主题列表。

1. 标识 Raj 可能为数据库创建的表。

a. 部件表、自行车表和附件表

b. 一个包含所有部件、自行车和附件的表

c. 一个包含每个部件、每个自行车和每个附件（头盔表、自行车手套表等）类型的表

2. 标识 Raj 应当用作部件表的列标题的字段。

a. 部件号、部件名称、自行车编号和自行车名称

b. 已售部件号和数量

c. 部件号、部件名称、数量、颜色和自行车标识符

3. 位于行列相交处的数据的名称是什么？

a. 字段

b. 记录

c. 变量

样题 1-2

Raj 设计数据库以促进其父亲的自行车业务的下一步是确定表之间最有用的关系。他知道需要创建关系数据库，因为通过使用一个表中的数据查找其他数据以执行搜索将是很重要的。使设计能够描绘最符合自行车店的需要是关键步骤。审查他的当前业务需求时，他发现他需要添加另一个表，以包括自行车的部件供货商。这个新表需要 Raj 更新部分表，以包括指向供货商表的外键。

1. 供货商表和部件表之间的关系是什么？
a. 一对一
b. 一对多
c. 多对多
2. 用于自行车表和部件表之间关系的外键是什么？
a. 部件号
b. 自行车型号
c. 部件名称
3. 附件表的建议主键是什么？
a. 附件编号
b. 附件名称
c. 附件型号

样题 1-3

在印度，Raj 为他父亲的自行车商店设置了自行车数据库。下一步是向他父亲了解他需要用数据库执行什么操作。这些内容称为用户需求。他的父亲需要新的应用程序执行以下初始任务（其他需求随后定义）：

- 创建各种库存报表。
- 产生销售报表（按自行车型号、价格等）。
- 当新库存到达时，将其添加到系统中。
- 根据需要更改自行车和部件的成本。
- 自行车出售后，从数据库中将其删除。

1. 必须用什么 DML（数据操作语言）命令来表示自行车已出售，并且应当从自行车（Cycle）表中删除？
a. DELETE FROM Cycle WHERE cycle_id = T1234
b. REMOVE FROM Cycle WHERE cycle_id = T1234
c. ERASE FROM Cycle WHERE cycle_id = T1234
2. 使用什么命令来报告当前库存的红色自行车的数量？
a. SELECT cycle_model WHERE cycle_color = 'red'
b. SELECT * FROM Cycle WHERE cycle_color = 'red'
c. FIND * FROM Cycle WHERE cycle_color = 'red'
3. 如何将新自行车添加到数据库的自行车（Cycle）表中？
a. INSERT INTO Cycle (C3425, 'Rockrider', 'red', 9999.00)
b. ADD INTO Cycle VALUES (C3425, 'Rockrider', 'red', 9999.00)
c. INSERT INTO Cycle VALUES (C3425, 'Rockrider', 'red', 9999.00)

样题 1-4

Raj 使他父亲的自行车商店在实现业务自动化方面取得了巨大进展。他已经减少了文书工作的数量，并提供了更准确的信息，让他父亲能够更好地维护当前库存。作为自动化的结果，他的父亲已经决定使用网站做广告和销售自行车。Raj 负责自行车商店业务的下一个变革阶段。Raj 立即发现当前数据库架构需要更改。如果他们允许用户从 Internet 购买，他就需要有包括自行车、附件和部件在内所有产品的照片。

1. Raj 可以使用哪个 DDL 命令将新字段添加到 Cycle 表中以存储照片的文件名？
   a. ALTER TABLE Cycle ADD photo _ file _ name CHAR (30) NULL
   b. ADD photo _ file _ name TO TABLE Cycle
   c. ALTER Cycle TABLE USING photo _ file _ name CHAR(30) NULL
2. 在前一个问题的示例中，在将新自行车添加到表中时，单词 NULL 将有什么效果？
   a. 需要用户输入照片的文件名
   b. 不需要用户输入照片的文件名
   c. 自动输入照片的文件名
3. DML 命令 DELETE 与 DDL 命令 DROP 之间的主要区别是什么？
   a. 它们完成相同任务；因此，没有区别
   b. DELETE 仅从表中删除所有记录（或子集）；它不删除表
   c. DROP 仅从表中删除所有记录；它不删除表

本章小结

数据库是存放数据的集合，数据库管理系统是管理这些数据集合的应用软件系统。数据库管理系统的基本功能包括数据定义、数据处理、数据安全、恢复和备份等数据管理操作。数据库分为层次数据库、网络数据库、关系数据库和面向对象数据库等。本章的重点是区分数据库和数据库管理系统的概念。

一、填空题

1. 信息是指有一定含义的、经过加工处理的、对决策有价值的（   ）。
2. 数据处理的核心问题是（   ）。
3. 数据管理技术经历了（   ）、（   ）和（   ）3 个阶段。
4. 数据库系统由计算机（   ）和（   ）资源组成。
5. 数据库系统中的用户主要有（   ）、（   ）和（   ）三类。
6. DBS 是指（   ）。
7. 为了唯一确定一条具体的记录，通常使用一种称为（   ）的术语来描述。
8. 数据定义语言由（   ）、（   ）与（   ）三个语法所组成。
9. 对表中数据的查询、插入、删除和修改的语言称为（   ）。
10. 一个关系实际上就是一个表，表是由不同的（   ）和（   ）组合而成的。

二、选择题

1. 人工管理阶段其特征是（   ）。
   A. 数据和程序一一对应　　　　　　B. 数据和程序多一对应
   C. 数据和程序一多对应　　　　　　D. 都不对

2．下列哪项不是数据库系统组成的部分（　　）。
　　A．数据　　　　B．用户　　　　C．应用程序　　　D．操作系统
3．数据存储的主要载体是表或相关数据组。他们的关系映射下列哪项是错误的（　　）。
　　A．一对一　　　B．一对多　　　C．多对一　　　　D．多对多
4．在RDMS中为特性的名称是（　　）。
　　A．记录　　　　B．表　　　　　C．列　　　　　　D．字段
5．SQL Server 属于（　　）型数据库。
　　A．大　　　　　B．中　　　　　C．小　　　　　　D．都不对
6．以下哪项是小型的数据库系统（　　）。
　　A．MySQL　　　B．FoxPro　　　C．Oracle　　　　D．Access
7．新建的数据库与原数据库备份文件的名称（　　）。
　　A．相一致　　　B．不一致　　　C．一定不一致　　D．不一定
8．关系数据库至少有（　　）表，才能称为数据库。
　　A．一个　　　　B．两个　　　　C．多个　　　　　D．都不对
9．在数据操作语言DML中，以下哪项不是应用程序对数据库的DML操作（　　）。
　　A．改　　　　　B．排　　　　　C．检　　　　　　D．查

三、判断题

1．数据是人们用来反映客观世界事物而记录下来的可以鉴别的符号。（　　）
2．信息在一般意义上被认为是有一定含义的、经过加工处理的、对决策有价值的数据。
（　　）
3．数据管理指的是对数据的分类、组织、编码、储存、检索和维护等。（　　）
4．文件系统阶段的特征是把数据组织在一个个独立的数据文件中，实现了"按文件名进行访问、按记录进行存取"的管理技术。（　　）
5．应用程序员是指为终端用户编写应用程序的软件人员，他们设计的应用程序主要用途是使用和维护数据库。（　　）
6．字段是在记录中存储特定类型的数据的位置。（　　）
7．所谓关键字就是能够唯一确定记录的字段或字段的集合。（　　）
8．数据操纵语言DML，用户通过它可以实现对数据库的基本操作。（　　）
9．在RDMS中为特性的名称是记录。（　　）
10．所谓关系数据库就是由若干个表组成的集合。（　　）

四、应用题

1．什么是数据处理？
2．什么是数据库管理阶段？什么是数据库系统阶段？
3．数据库的四个主要分类分别是什么？
4．常用数据库管理系统实现了哪些主要功能？

第 2 章　SQL Server 2014 的安装与使用

内容摘要

SQL Server 2014 是微软公司于 2014 年向全球发布的关系型数据库管理系统，是一个全面的、集成的、端到端的数据解决方案，它为企业提供了一个更可靠、安全、高效的数据平台。SQL Server 2014 的安装界面和安装过程都非常简单，但是对于初学者来说，尤其是在安装过程中参数的选择以及功能选项的选择，可能会有点模糊不清。本章主要讲解 SQL Server 2014 标准版的安装过程以及如何配置、使用 SQL Server 2014。

本章要点

1. SQL Server 2014 的安装。
2. 登录 SQL Server 2014。
3. 使用 SQL Server 2014。
4. 附加本书实例数据库。

2.1 任务一 SQL Server 2014 的安装

 任务描述

任务名称：安装 SQL Server 2014。

任务描述：学习 SQL Server 2014 的第一步工作就是在计算机上安装这个软件，至于数据库的一些基本理论，则可以在学习中不断领悟、不断深入、不断强化。本节任务就是在计算机上安装 SQL Server 2014。

 任务分析

1．简要分析

SQL Server 2014 的安装与 Windows 操作系统下的其他软件安装方法大同小异，难点在于设置用户角色、功能、服务以及用户等选项，如果设置不当，不仅可能引起安装不能正常进行，甚至会导致安装失败。本节将讲述如何正确地安装 SQL Server 2014。

2．实现步骤

1）下载 SQL Server 2014 版安装包。
2）检查系统安装环境配置。
3）设置角色和功能选项。
4）实例和服务器配置。
5）用户或组设置。
6）数据引擎配置。

 任务实现

SQL Server 2014 是目前微软官方网站提供的运行最稳定的、使用范围最广泛的一款 SQL Server 产品，相比于之前的 SQL Server 版本，SQL Server 2014 在可扩展性、可靠性、可用性和安全性方面新增了大量的功能。它有效地提高了系统和开发人员的工作效率，并在自助服务的基础上为客户提供扩展性很强、管理很完善的业务智能。

SQL Server 2014 的安装首先要取得安装文件，安装文件可以到微软官方网站的下载页面下载免费试用的安装包。网址为：https://www.microsoft.com/zh-cn/evalcenter/evaluate-sql-server-2014-sp2。

下载的安装包是 ISO 格式的镜像文件，镜像文件的安装既可以刻录到光盘上进行，也可以使用虚拟光驱软件进行安装。目前广泛使用的是使用虚拟光驱软件进行安装。安装过程如下。

步骤 1：打开安装包。执行安装文件 setup.exe 启动安装程序，如图 2-1 所示。

步骤 2：安装程序处理操作后，进入"SQL Server 安装中心"窗口，单击"系统配置检查器"选项，检查系统环境配置情况，如图 2-2 所示。

步骤 3：新打开的"安装程序支持规则"窗口会检查系统所需硬件及软件要求，并将结果反馈在窗口中，如图 2-3 所示。若检查项中存在不能通过的项目，则需要更正所有失败，

安装程序才能继续。通过所有检查后，单击"确定"按钮，返回"SQL Server 安装中心"窗口。

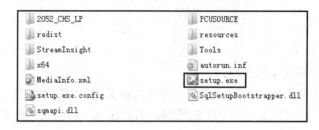

图 2-1 启动安装程序

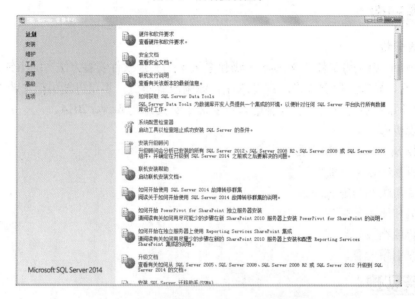

图 2-2 "SQL Server 安装中心"窗口

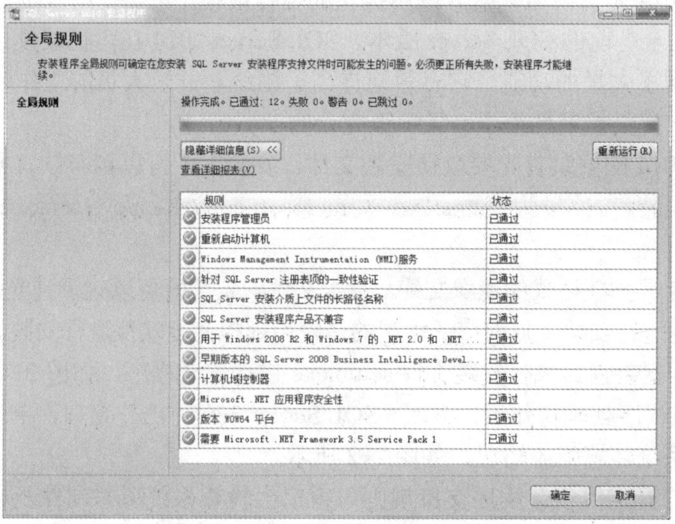

图 2-3 SQL Server 系统配置检查

步骤 4：单击"SQL Server 安装中心"左侧安装选项卡，然后单击右侧窗口中"全新 SQL Server 独立安装或向现有安装添加功能"选项，如图 2-4 所示。

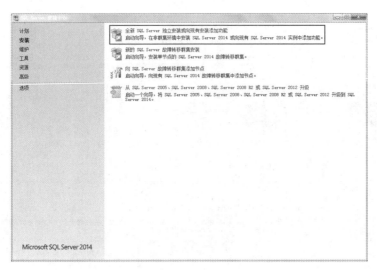

图 2-4 "SQL Server 安装中心"右侧窗口

步骤 5：在弹出的"产品密钥"窗口中选择版本及输入产品序列号。其中 Evaluation 版或 Express 版是免费版本，Evaluation 版具有 SQL Server 的全部功能，且已经激活，只不过这个版本只有 180 天的试用期。这个试用期已经足够初学者练习使用，本书以该版本为例，进行全面讲解。单击"下一步"按钮，如图 2-5 所示。

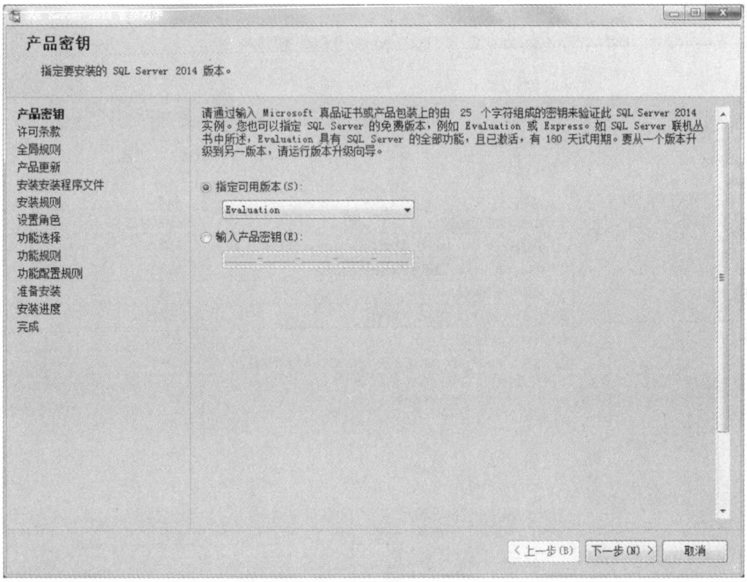

图 2-5 "产品密钥"窗口

步骤 6：在弹出的"许可条款"窗口中，选择"我接受许可条款"选项，单击"下一步"按钮继续安装，如图 2-6 所示。

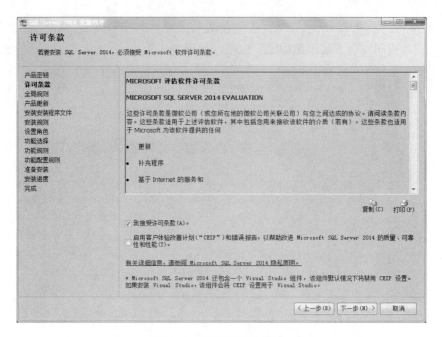

图 2-6 "许可条款"窗口

步骤 7:"全局规则""产品更新""安装安装程序文件"等窗口将依次自动打开,最终前进到"安装规则"窗口,该窗口标识了安装支持文件时可能发生的问题,若所有检查都通过,则单击"下一步"按钮继续安装,如图 2-7 所示。

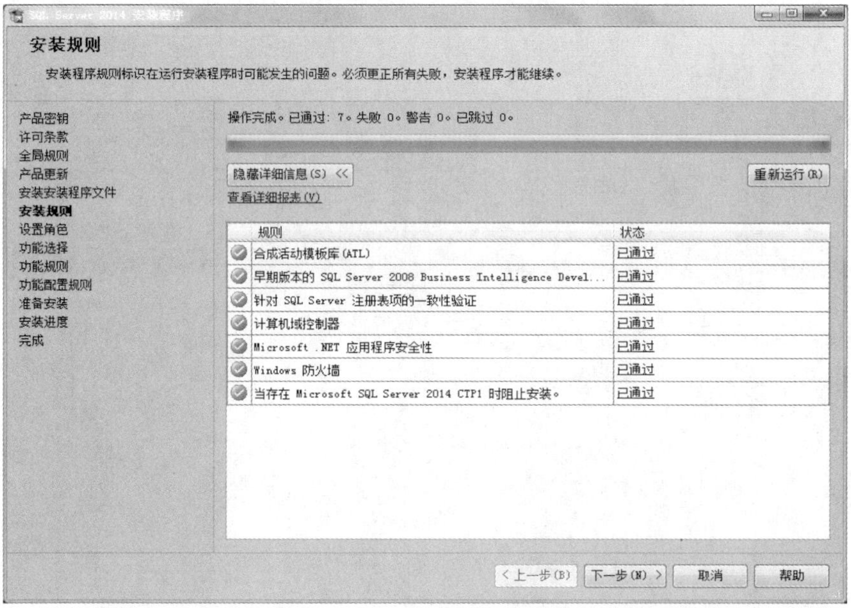

图 2-7 "安装规则"窗口

步骤 8:在弹出的"设置角色"窗口设置某个功能角色以安装特定配置,选择"SQL Server 功能安装"选项,单击"下一步"按钮,如图 2-8 所示。

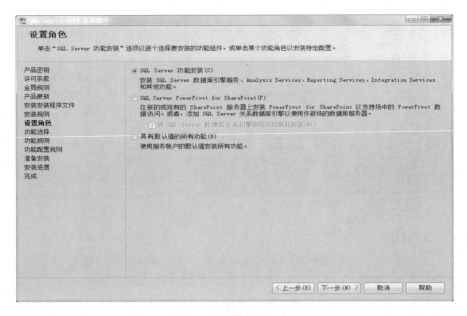

图 2-8 "设置角色"窗口

步骤 9:在弹出的"功能选择"窗口中设置需要安装的功能组件及共享功能目录。此处多数程序员都习惯单击其下面的"全选"按钮,安装全部功能。设置结束后,单击"下一步"按钮,如图 2-9 所示。

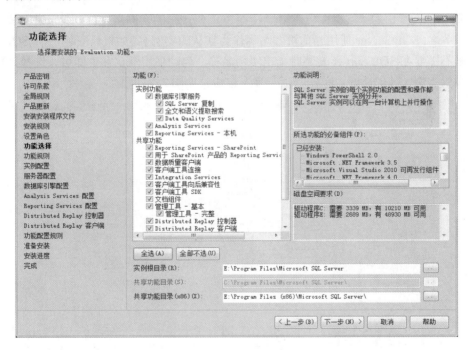

图 2-9 "功能选择"窗口

步骤 10:在弹出的"功能规则"窗口中会检查在当前设置下能否正常安装,如果通过全部检查,单击"下一步"按钮继续安装,如图 2-10 所示。

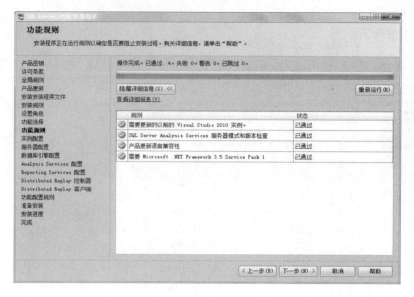

图 2-10 "功能规则"窗口

友情提醒：SQL Server 2014 在安装时需要提前安装好 Visual Studio 2010 SP1、Microsoft. NET Framework 3.5 SP1 和 Microsoft .NET Framework 4.0，否则可能导致功能规则无法通过。

步骤 11：在弹出的"实例配置"窗口设置 SQL Server 的实例名称。一般来讲实例是指系统中的服务名。SQL Server 使用当前机器名称作为默认的实例名。如果只安装一个 SQL Server 实例，则不需要在 SQL Server 安装时指定实例名称，自动使用默认名称即可。选择"默认实例"并设置实例安装的路径。单击"下一步"按钮，如图 2-11 所示。

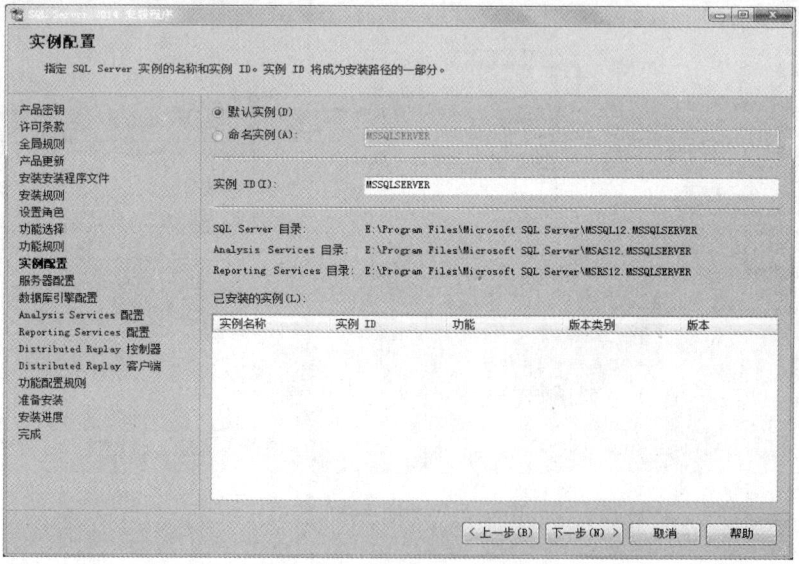

图 2-11 "实例配置"窗口

步骤12：在弹出的"服务器配置"窗口中提供了运行SQL Server 数据库引擎、SQL Server 代理和SQL Server 其他相关服务的服务账户，以及SQL Server 使用的排序规则。为了便于学习与管理，此处使用默认配置，单击"下一步"按钮，如图2-12所示。

图2-12 "服务器配置"窗口

步骤13：在接下来的"数据库引擎配置"窗口中需要首先指定至少一个具有SQL Server 管理员权限的账户。单击图2-13中的"添加"按钮，弹出"选择用户或组"窗口。

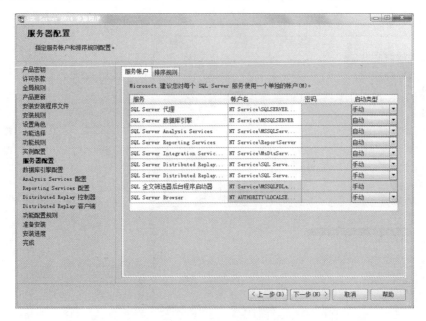

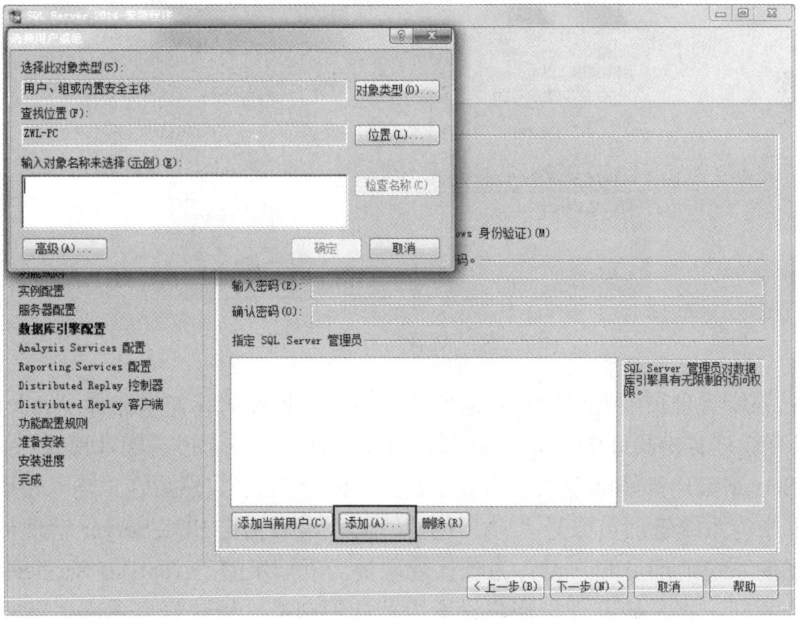

图2-13 添加SQL Server管理员

步骤14：弹出的"选择用户或组"窗口提供Windows账户的选择。单击窗口中的"高级"按钮，然后单击"立即查找"按钮，会在下面的列表中列出当前系统用户，选择目标用户后单击"确定"按钮，如图2-14所示。

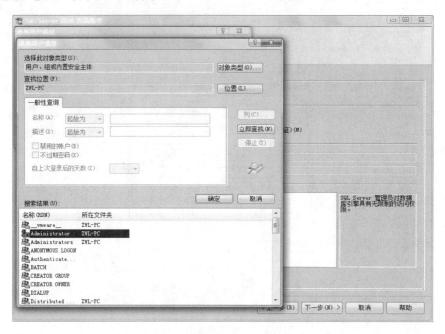

图2-14 查找用户或组

步骤 15：在返回的"选择用户或组"窗口的"输入对象名称来选择（示例）"文本框中会显示出刚才所选择的系统用户名，如图2-15所示。设置结束后单击"确定"按钮。

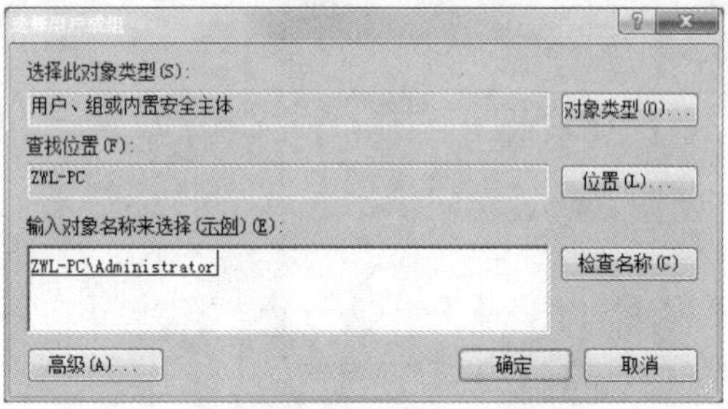

图2-15 "选择用户或组"窗口

步骤16：系统管理员设置完成后，需要设置身份验证模式，如果选择Windows身份验证模式，那么只有通过身份验证的Windows账户才能登录。如果选择了混合模式，那么Windows账户和SQL Server账户都能够登录。本例中选择"混合模式"。然后在"输入密码"和"确认密码"文本框中为系统管理员账号"SA"创建密码。最后指定SQL Server管理员，本例将之前步骤中添加的系统管理员账户设置为默认管理员。下一步的"Analysis Services配置"窗口中也与此操作相同，将系统管理员账户设置为默认管理员。设置好后单击"下一步"按钮，如图2-16所示。

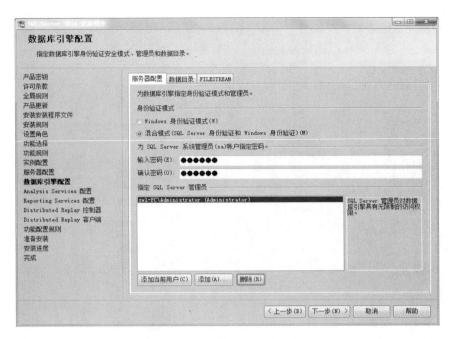

图 2-16 "数据库引擎配置"窗口

步骤 17：在弹出的"Reporting Services 配置"窗口中设置相应配置模式。本例选择默认配置，设置好后单击"下一步"按钮，如图 2-17 所示。

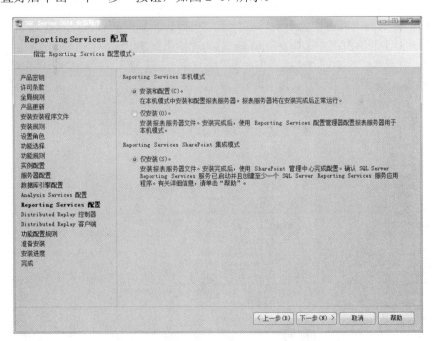

图 2-17 "Reporting Services 配置"窗口

步骤 18："Distributed Replay 控制器"和"Distributed Replay 客户端"窗口可不选择，直接单击"下一步"按钮即可。在接下来弹出的"功能配置规则"窗口中检验运行规则是否影响安装。检测完成通过后,单击"下一步"按钮,如图 2-18 所示。

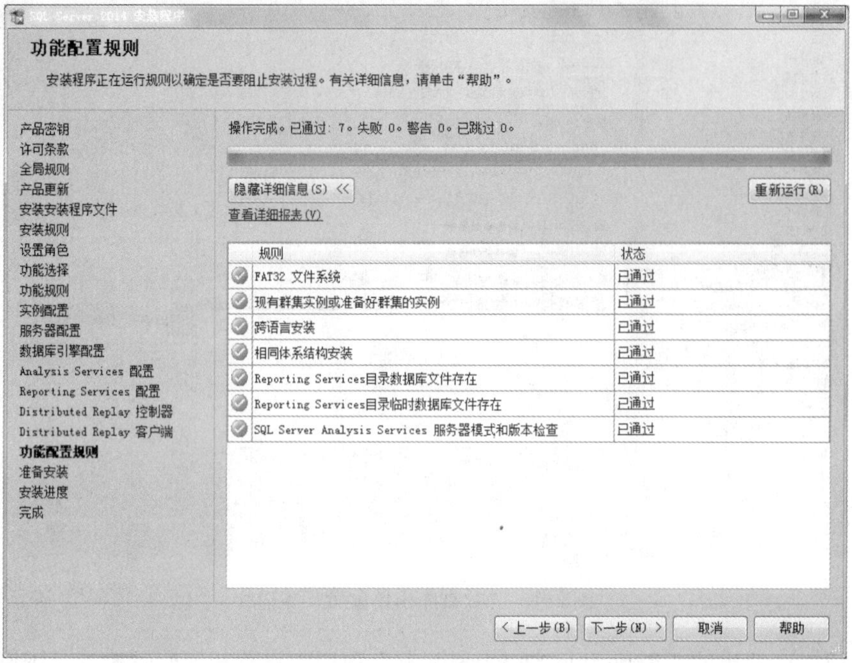

图 2-18 "功能配置规则"窗口

步骤 19:弹出的"准备安装"窗口汇总了之前操作步骤中的各种设置,如图 2-19 所示。如果确认设置无误,单击"安装"按钮开始安装,如图 2-20 所示。

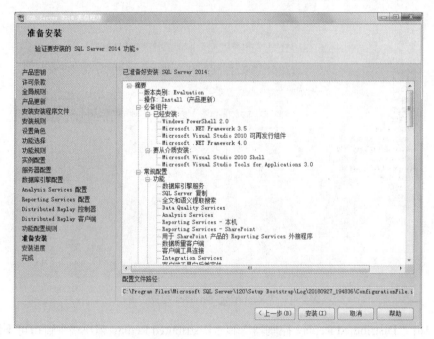

图 2-19 "准备安装"窗口

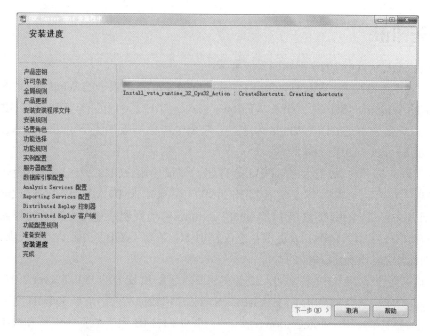

图 2-20 "安装进度"窗口

步骤 20：安装完成后弹出"完成"窗口，给出安装的相关信息，单击"关闭"按钮完成安装，如图 2-21 所示。

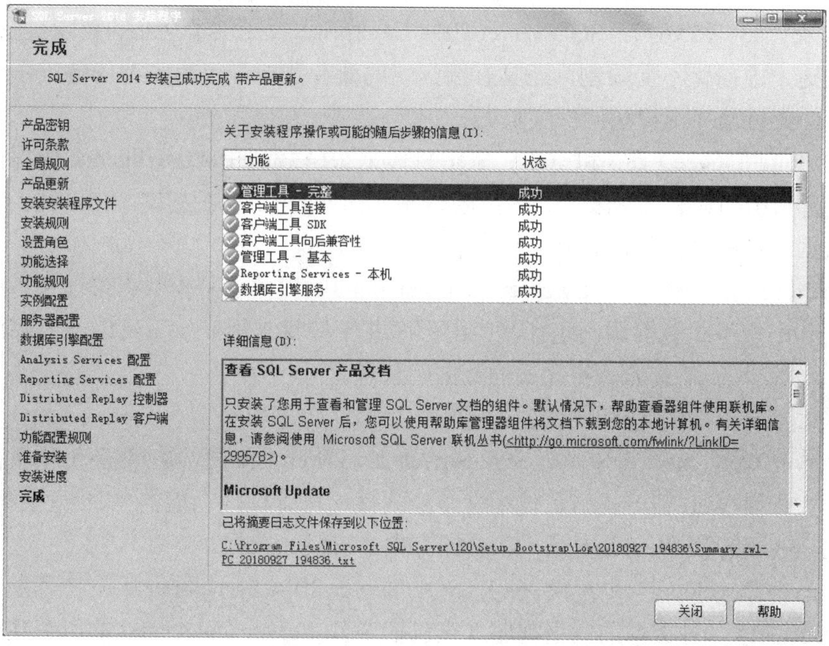

图 2-21 "完成"窗口

综上步骤，SQL Server 2014 安装完成，接下来的几个任务将讲述 SQL Server 2014 数据库管理系统的登录、服务器的连接、主窗体界面及功能等。

 相关知识

1. 安装 SQL Server 2014 需要的系统要求

1）操作系统：32 位：Windows 7 SP1；Windows 8 或更高版本的 Windows 系统；带 SP1 或更高版本的 Windows Server 2008；Windows Server 2012。64 位：Windows 7 SP1 64 位；Windows 8 或更高版本的 64 位 Windows 系统；带 SP1 或更高版本的 Windows Server 2008 x64 版本；Windows Server 2012 x64 版本。

2）处理器：32 位：最低要求 1GHz 处理器，建议使用 2GHz 或速度更快的处理器。64 位：最低要求 1.4GHz 处理器，建议使用 2GHz AMD Opteron、AMD Athlon 64、具有 Intel EM64T 支持的 Intel Xeon、具有 EM64T 支持的 Intel Pentium IV 处理器或速度更快的处理器。

3）内存：1G 字节（1GB）或更多；建议使用 4G 字节（4GB）并且内存应该随着数据库大小的增加而增加，以确保最佳的性能。

4）硬盘：至少 6GB 的硬盘空间，磁盘空间要求将随所安装的 SQL Server 2014 组件不同而发生变化。例如，至少 345MB 用于 Analysis Services 和数据文件；至少 304MB 用于 Reporting Services；至少 591MB 用于 Integration Services；至少 811MB 用于数据库引擎和数据文件、复制以及全文搜索；至少 1823MB 用于客户端组件。

5）显示：SQL Server 图形工具要求 VGA（800x600）或更高分辨率。

2. SQL Server 2014 的版本

（1）SQL Server 2014 服务器版本

Enterprise（x86 和 x64）：SQL Server 2014 Enterprise 版提供了全面的高端数据中心功能，性能极为快捷、虚拟化不受限制，还具有端到端的商业智能，可为关键任务工作负荷提供较高服务级别，支持最终用户访问深层数据。

Business Intelligence（x86 和 x64）：SQL Server 2014 Business Intelligence 版提供了综合性平台，可支持组织构建和部署安全、可扩展且易于管理的 BI 解决方案。它提供了令人兴奋的功能，如数据浏览和可视化效果等。

Standard（x86 和 x64）：SQL Server 2014 Standard 版提供了基本数据管理和商业智能数据库，使部门和小型组织能够顺利运行其应用程序并支持将常用开发工具用于内部部署和云部署，有助于以最少的 IT 资源获得高效的数据库管理。

（2）SQL Server 2014 扩展版本

SQL Server Web（x86 和 x64）：SQL Server 2014 Web 面向不同的业务工作负荷，对于为从小规模至大规模 Web 资产提供可伸缩性、经济性和可管理性功能的 Web 宿主和 Web VAP 来说，SQL Server 2014 Web 版本是一项总拥有成本较低的选择。

SQL Server Developer（x86 和 x64）：SQL Server 2014 Developer 版支持开发人员构建基于 SQL Server 的任一种类型的应用程序。它包括 SQL Server Datacenter 的所有功能，但有许可限制，只能用作开发和测试系统，而不能用作生产服务器。SQL Server 2014 Developer 是构建和测试应用程序的人员的理想之选。

SQL Server Express（x86 和 x64）：SQL Server 2014 Express 版是入门级的免费数据库。SQL Server 2014 Express 与 Visual Studio 集成，使开发人员可以轻松开发功能丰富、存储安全

且部署快速的数据驱动应用程序。SQL Server 2014 Express 是学习和构建桌面及小型服务器应用程序的理想选择，也是独立软件供应商、非专业开发人员和热衷于构建客户端应用程序的人员的最佳选择。

【操作实例 2-1】 SQL Server 2014 的安装。

为一台没有安装 SQL Server 2014 数据库系统的计算机安装 SQL Server 2014 系统。安装步骤如前所述，不再复述。

2.2 任务二 登录 SQL Server 2014

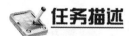

任务名称：登录 SQL Server 2014。

任务描述：完成 SQL Server 2014 安装之后的第一件事就是启动 SQL Server 2014，而启动 SQL Server 2014 的第一步工作则是登录。本节任务需要完成 SQL Server 2014 的登录，并从中进一步学习 SQL Server 2014 的有关知识。

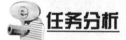

1. 简要分析

登录 SQL Server 2014 是每次使用 SQL Server 2014 的必须工作，只有成功登录才能正常使用 SQL Server 2014。对于用户而言，以不同的身份登录，其功能权限是不完全相同的。本节任务以"SQL Server 身份验证"方式进行全面讲解。

2. 实现步骤

1）打开 SQL Server Management Studio。

2）选择验证方式登录。

3）SQL Server Management Studio 主窗体介绍。

任务实现

步骤 1：打开 SQL Server Management Studio。在"开始"菜单中依次单击"Microsoft SQL Server 2014"→"SQL Server 2014 Management Studio"，如图 2-22 所示，进入 SQL Server Management Studio 登录界面。

步骤 2：SQL Server Management Studio 登录窗体。SSMS 登录窗体如图 2-23 所示。服务器类型应选择为"数据库引擎"；服务器名称应选择为本机的计算机名称；身份验证方式分为两种：一种是以"Windows 身份验证"方式登录 SQL Server 2014，另一种是以"SQL Server 身份验证"方式登录 SQL Server 2014，本例使用第二种方式登录。

步骤 3：在"登录名"文本框中输入系统管理员账号"SA"，在"密码"文本框中输入安装 SQL Server 2014 时为"SA"设置的密码，然后单击"连接"按钮，即可打开 SQL Server Management Studio 主窗体，如图 2-24 所示。

图 2-22　进入 SQL Server 2014 登录界面

图 2-23　连接服务器窗体

图 2-24　SQL Server Management Studio 主窗体

 相关知识

1．SQL Server 2014 的管理工具

SQL Server 2014 安装完成后，在 Windows 操作系统的"开始"→"所有程序"→"Microsoft SQL Server 2014"菜单下可以看到很多 SQL Server 图形化的管理工具。下面介绍几种常用的 SQL Server 管理工具。

1）SQL Server Management Studio 企业管理器。简称 SSMS，SQL Server Management Studio 是 SQL Server 2014 中最重要的管理工具，提供了用于对数据库管理的图形化工具和丰富的开发环境。

2）SQL Server Reporting Services 配置管理器。Reporting Services 配置管理器就是所谓的报表服务，它的作用是配置和管理 SQL Server2014 的报表服务器。

3）SQL Server 配置管理器。SQL Server 配置管理器是一个用于 SQL Server 有关连接服务的管理工具，进行客户端连接到服务器的连接配置。

4）SQL Server Profiler。SQL Server Profiler 提供了一个图形用户界面，用于监视数据库引擎实例。通过 SQL Server Profiler 可解决图形化监视 SQL Server 查询，在后台收集查询信息，分析性能，诊断死锁等问题。

2．SQL Server 2014 的组件

SQL Server 2014 的组件为用户提供了不同的功能，其主要组件包括 SQL Server 数据库引擎、Analysis Services、Reporting Services、Integration Services、Master Data Services。

1）SQL Server 数据库引擎。SQL Server 数据库引擎包括数据库引擎（用于存储、处理和保护数据安全的核心服务）、复制、全文搜索、用于管理关系数据和 XML 数据的工具以及"数据库引擎服务（DQS）"服务器。SQL Server 数据库引擎是 SQL Server 2014 的核心组件，是其他服务组件的运行基础。

2）Analysis Services。Analysis Services 用于创建和管理联机分析处理（OLAP）以及数据挖掘应用程序。Analysis Services 提供了一组丰富的数据挖掘算法，业务用户可使用这组算法挖掘其数据以查找特定的模式和走向。这些数据挖掘算法可用于通过 UDM 或直接基于物理数据存储区对数据进行分析。

3）Reporting Services。Reporting Services 包括用于创建、管理和部署表格报表、矩阵报表、图形报表以及自由格式报表的服务器和客户端组件。Reporting Services 还是一个可用于开发报表应用程序的可扩展平台。

4）Integration Services。Integration Services 是一组图形工具和可编程对象，用于移动、复制和转换数据。通过使用 Integration Services 可以图形化集成服务工具来创建解决方案，而无需编写一行代码。

5）Master Data Services。Master Data Services（MDS）是针对主数据管理的 SQL Server 解决方案。可以配置 MDS 来管理任何领域（产品、客户、账户）。MDS 中可包括层次结构、各种级别的安全性、事务、数据版本控制和业务规则，以及可用于管理数据的外接程序。

3．服务器类型

在 SQL Server 2014 服务器程序安装完毕后，其服务器组件是以"服务"的形式在计算机操作系统中运行的。"服务"是一种在计算机操作系统后台中运行的应用程序。常见的服务有事件日志服务、打印服务以及 Web 服务等。正在运行的服务可以不在操作系统桌面上显示，而是在系统后台默默地完成其要完成的功能。

数据库相关的服务中最重要的是 SQL Server 服务，SQL Server 服务是 SQL Server 2014 的数据引擎，也就是 SQL Server 2014 的核心部分。启动 SQL Server 2014 数据库引擎实例，也就是启动 SQL Server 服务。只有 SQL Server 服务启动以后，用户才能与数据库引擎服务器建立连接，才能向数据库发出 SQL 语句，执行查询、修改、插入以及删除等数据操作，并完成事务处理、数据库维护和数据库安全等管理操作。

在 Windows 操作系统的"服务"窗口中，可以查看已安装的 SQL Server 2014 服务组件，如图 2-25 所示。

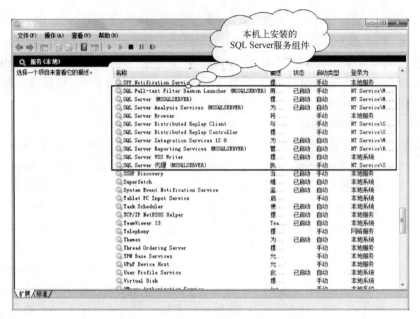

图 2-25　SQL Server 2014 服务组件

> **友情提醒**：所谓的数据库实际上是上述介绍的 SQL Server 服务。而我们使用的 SQL Server Management Studio 不是所谓的数据库，而是一个针对 SQL Server 数据库开发的应用程序，可以通过 SQL Server Management Studio 以图形化的方式来对数据库进行定义、操作和管理。

4．身份验证模式

SQL Server 支持 Windows 身份验证模式和混合模式两种身份验证模式。

1）Windows 身份验证模式。用户不需要指定 SQL Server 2014 的登录账号，系统自动使用当前操作系统账号登录。这是 SQL Server 2014 的默认身份验证模式。

2）混合模式。登录时，用户需要提供 SQL Server 2014 登录账号及密码。

2.3　任务三　使用 SQL Server 2014

任务名称：使用 SQL Server 2014。

任务描述：完成了 SQL Server 2014 的安装工作，接下来就要使用它。本任务要完成 SQL Server 2014 的基本使用，实现与 SQL Server 2014 的第一次亲密接触，并将本书所提供的数据库范例运行起来。

1．简要分析

安装完成之后，就可以使用 SQL Server 2014 进行数据库的管理与使用了，这也是学习

SQL Server 2014 的目的。SQL Server 2014 的功能十分强大,全书都是围绕着如何操作使用来讲解 SQL Server 2014 的相关知识。本节任务是简要介绍如何使用 SQL Server 2014,在后续各章节将详细讲解相关知识。

2．实现步骤

1)熟练掌握 SQL Server 2014 的 IDE 环境。
2)掌握如何使用图形化方式进行简单操作。
3)附加本书范例数据库。

1．SQL Server Management Studio 界面介绍

步骤 1:打开 SQL Server Management Studio。在"开始"菜单中单击"SQL Server Management Studio",启动 SQL Server Management Studio。

步骤 2:在连接服务器窗口中,选择正确的登录方式,并输入账号及密码进行登录。

步骤 3:打开的 SSMS 主界面如图 2-26 所示。

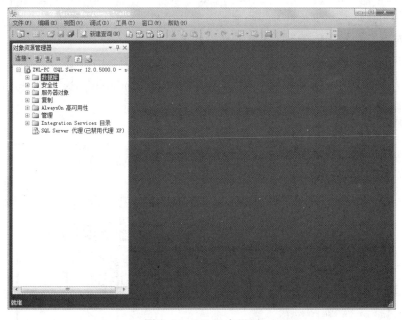

图 2-26　SSMS 主界面

SSMS 是一个功能强大且灵活的工具,其采用 Visual Studio 2010 的一个版本作为其 shell,用于访问、配置、控制、管理和开发 SQL Server 的所有组件。在默认情况下,SSMS 主要显示对象资源管理器窗体组件,"对象资源管理器"窗体在 SSMS 窗体的左侧,系统使用它连接数据库引擎实例、Analysis Services、Integration Services 和 Reporting Services。它提供了服务器中所有数据库对象的树视图,并具有可用于管理这些对象的用户窗体。用户可以使用该窗体可视化地操作数据库,如创建各种数据库对象、查询数据、设置系统安全、备份与恢复数据等。另外 SSMS 还有一些比较重要的功能。

1)"对象资源管理器详细信息"。该窗体以合并 GUI 的形式提供了非常丰富的信息。有两种方式打开该窗体。一种是通过在"视图"菜单中单击"对象资源管理器详细信息"菜单，另一种是通过按〈F7〉快捷键。根据用户操作，它可以是"查询编辑器"窗体，也可以是"浏览器"窗体。默认情况下是"对象资源管理器详细信息"文档窗体，用来显示有关当前选中的对象资源管理器节点的信息。

2）集成报表。SQL Server 2014 对于服务器实例、数据库都提供了标准报表，服务器级报表提供了 SQL Server 实例和操作系统的信息。数据库级报表提供了每个数据库的详细信息。对于要运行报表的数据库，必须要有访问权限。可在 SSMS 的"对象资源管理器"窗体中右击 SQL Server 实例并选择"报表"菜单打开服务器报表。数据库报表的打开方式与服务器报表类似，可在 SSMS 的"对象资源管理器"窗体中右击数据库名并选择"报表"菜单打开数据库报表。

3）配置 SQL Server。可以通过在 SSMS 的"对象资源管理器"窗体中右击 SQL Server 实例并选择"属性"菜单对实例属性进行配置，配置项目包括常规页、内存页、处理器页、安全性页、连接页、数据库设置页、高级页和权限页。需要注意的是，更改实例的配置要非常小心，因为调整其中的设置有可能影响实例的性能或安全性。

4）活动监视器。可以通过在 SSMS 的"对象资源管理器"窗体中右击 SQL Server 实例并选择"活动和监视器"菜单打开活动监视器。该工具提供了实例中当前连接的视图，通过该视图可全面查看有谁连接了你的机器和他们在做什么。

5）错误日志。可以通过在 SSMS 的"对象资源管理器"窗体中右击"管理"菜单下的"SQL Server 日志"，并选择"视图"菜单下的"SQL Server 和 Windows 日志"打开日志文件查看器对话框。该工具提供了 SQL Server 实例和 Windows 事件的日志记录，帮助用户快速定位故障，查找问题根源。

步骤 4：创建查询。单击工具栏中的"新建查询"按钮，SSMS 会打开一个新的"查询编辑器"窗口。在该窗口中用户可以输入 SQL 命令，如图 2-27 所示。

图 2-27　创建查询

2．实例数据库"OASystem"的附加

步骤 1：启动 SQL Server Management Studio，在"对象资源管理器"窗体中展开树形目录，右击"数据库"节点，在弹出的快捷菜单里选择"附加"选项，如图 2-28 所示。

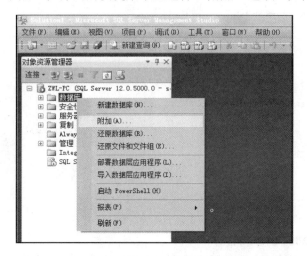

图 2-28　选择"附加"选项

步骤 2：弹出的"附加数据库"窗口如图 2-29 所示，此时"要附加的数据库"列表中无任何内容，这是因为还没有选择要附加的数据库文件。

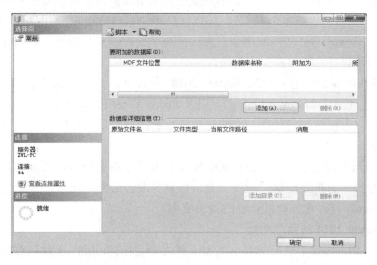

图 2-29　"附加数据库"窗口

步骤 3：单击窗口中的"添加"按钮，弹出如图 2-30 所示的"定位数据库文件"窗口。在该窗口中选择"OASystem"数据库的存储路径，然后选择"oasystem.mdf"数据库文件，最后单击"确定"按钮。详细步骤将在下一章介绍。

这样，本书的实例数据库就附加到 SQL Server 2014 中了。以后的学习都是围绕着此数据库进行分析和讲解的。

图 2-30 "定位数据库文件"窗口

1. SQL Server 2014 的新特性

SQL Server 2014 相较于之前的版本推出了许多新特性和关键的改进,主要体现在以下几个方面。

1)数据库引擎功能增强:SQL Server 2014 新增内存中 OLTP(On-Line Transaction Processing)功能,只需对代码进行很少的改变,甚至不需要改变,使得应用程序的性能大幅提升 5 到 20 倍。同时,该版本引入了列存储索引和缓冲池扩展,物理 I/O 控制的资源调控器功能的增强以及 AlwaysOn 功能的增强,大大提高了设计、开发和维护数据存储系统的架构师、开发人员和管理员的能力和工作效率。

2)更快地获取深刻信息:SQL Server 2014 借助更强大的自助式商业智能(Business Intelligence,BI)工具(如 Power Query),以及 Power View 和 PowerPivot 的改进,使得用户在任何时候都可以方便地访问数据,并快速地分析和挖掘海量数据以快速获得对于数据前所未有的深入见解。

3)完整、一致的混合云平台支持:SQL Server 2014 使得企业可以灵活构建跨越客户端和云端的混合云平台,为企业提供了云备份及云恢复等混合云应用场景,并无缝迁移关键数据至 Microsoft Azure,可以有效降低企业的运营成本。

2. SQL Server 2014 的新增功能

SQL Server 2014 相较于之前的版本增加了多达 15 项的新功能,在此只对部分新功能进行列举。

1)内置优化表:在 SQL Server 2014 中,内存中 OLTP 被集成到数据库引擎中。通过内存优化表可大幅提高应用程序的性能。

2)Windows Azure 中的 SQL Server 数据文件:该功能提供本机支持的 SQL Server 数据库作为 Windows Azure Blob 存储的文件。通过此功能,用户可以在本地或 Windows Azure 虚拟机上运行的 SQL Server 中创建数据库,而将数据存储在 Windows Azure Blob 存储中的专用存储位置。

3）备份和还原功能增强：增强部分主要包括 SQL Server 备份到 URL、SQL Server 托管备份到 Windows Azure 和备份加密。

4）基数估计重新设计：称作基数估计器的基数估计逻辑已在 SQL Server 2014 中重新设计，以便改进查询计划的质量，并因此改进查询性能。

5）延迟持续性：SQL Server 2014 将部分或所有事务指定为延迟持久事务，从而能够缩短延迟。延迟持久事务在事务日志记录写入磁盘之前将控制权归还给客户端。持续性可在数据库级别、提交级别或原子块级别进行控制。

6）AlwaysOn 功能增强：SQL Server 2014 大幅增强了 AlwaysOn 功能。主要包括："添加 Azure 副本向导"简化了用于 AlwaysOn 可用性组的混合解决方案创建；辅助副本的最大数目从 4 增加到 8；断开与主副本的连接时，或者在缺少群集仲裁期间，可读辅助副本现在保持可用于读取工作负荷。

7）缓冲池扩展：缓冲池扩展提供的非易失性随机存取内存（NvRAM）扩展为固态硬盘（SSD）的无缝集成数据库引擎缓冲池，从而显著提高 I/O 吞吐量。

8）物理 I/O 控制的资源调控器增强功能：通过资源调控器，用户可以指定针对传入应用程序请求可在资源池内使用的 CPU、物理 I/O 和内存的使用量的限制。

2.4　MTA 微软 MTA 认证考试样题 2

Yuhong Li 的儿子 Yan 正在学校学习编程课程，Yan 请她为自己选择课程项目提供一个建议。Yuhong 建议儿子创建一个程序，帮助组织她收藏的 CD，这些 CD 已经积累了好几年。Yan 很喜欢这个想法。他可以创建一个数据库表来存储与他母亲的 CD 有关的所有数据，并使用 C#或 Visual Basic 创建一个用户界面，以便搜索、添加和删除表中的信息。Yan 知道定义表字段非常重要，而且为每个字段选择正确的数据类型是关键所在。

1．Yan 应当使用什么数据类型来存储 CD 标签名称？

a．char 或 variable char

b．name

c．integer

2．他应当使用什么数据类型来存储每个 CD 上的曲目数？

a．real number

b．integer

c．char

3．Yan 应当使用什么数据类型来存储以总秒数为单位的歌曲播放时间？

a．byte

b．integer

c．boolean

本章小结

本章主要讲述如何将 SQL Server 2014 安装在计算机上以及如何登录、使用 SQL Server

Management Studio 的相关知识。本章的重点是掌握 SQL Server 2014 的安装过程和以不同验证方式登录 SQL Server 2014。通过本章的学习初步了解 SQL Server 2014 数据库管理系统运行和工作环境，了解本书实例数据库以及将"OASystem"数据库附加到 SQL Server Management Studio 上，为以后的学习打下坚实的基础。

一、填空题

1. SQL Server 2014 包含（　　）、（　　）和（　　）3 种服务器版本。

2. 数据库身份验证分两种：一种是以（　　）身份验证方式登录 SQL Server 2014，另一种是以（　　）身份验证方式登录 SQL Server 2014。

3. SQL Server 2014 Management Studio 是 SQL Server 2014 中最重要的管理工具，提供了用于对（　　）的图形化工具和丰富的开发环境。

4. SQL Server 2014 的（　　）版是免费版本，具有 SQL Server 的全部功能，且已经激活。

二、选择题

1. SQL Server 2014 与.NET 框架的关系是（　　）。
   A．SQL Server 2014 必须在安装有.NET 框架的计算机上才能安装
   B．SQL Server 2014 安装时计算机上不必有.NET 框架
   C．.NET 框架与 SQL Server 2014 没有任何关系
   D．以上都不对

2. SQL Server 安装的默认实例就是（　　）。
   A．机器名　　　　B．sa　　　　C．SQL　　　　D．Evaluation

3.（　　）是一个用于 SQL Server 有关连接服务的管理工具，进行客户端连接到服务器的连接配置。
   A．SQL Server 配置管理器
   B．SQL Server Management Studio 企业管理器
   C．Reporting Services 配置管理器
   D．以上都不对

4.（　　）是 SQL Server 2014 的核心部分。
   A．SQL Server 服务　　　　　　　　B．T-SQL 语句
   C．查询分析器　　　　　　　　　　D．日志服务

5. 输入 SQL Server 脚本命令的入口是（　　）。
   A．登录窗口　　B．添加记录　　C．新建数据库　　D．新建查询

三、判断题

1. 镜像文件的安装只能刻录到光盘上进行。　　　　　　　　　　　　（　　）

2. SSMS 是一个集成的 SQL Server 管理环境，是 SQL Server 最重要的工具之一。
   　　　　　　　　　　　　　　　　　　　　　　　　　　　　　　（　　）

3. SQL Server Express 数据库平台基于 SQL Server，该平台是收费的。　（　　）

4．进入 SQL Server 2014 登录窗体界面，服务器类型应选择为"数据库引擎"。
（　　）

5．SQL Server Express 与 Visual Studio 集成，使开发人员可以轻松开发功能丰富、存储安全且部署快速的数据驱动应用程序。（　　）

6．Reporting Services 配置管理器就是所谓的报表服务，它的作用是配置和管理 SQL Server 2014 的报表服务器。（　　）

7．安装 SQL Server 2014 时输入密钥不可自动识别版本。（　　）

8．只有 SQL Server 服务启动以后，用户才能与数据库引擎服务器建立连接。（　　）

四、应用题

1．简述 SQL Server 2014 的身份验证模式。

2．SQL Server 2014 的组件有哪些？各个组件的主要功能是什么？

3．SQL Server 2014 的常用版本有哪些？请简要说明。

第 3 章　数据库操作

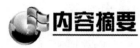 内容摘要

建立数据库是数据库操作的前提，也是 SQL Server 2014 最基本的操作技能之一。在 SQL Server 2014 中提供了图形和命令行两种创建数据库的方式。数据库的操作除了创建数据库外，还包括查看数据库信息、修改数据库、删除数据库、分离数据库、附加数据库五个基本操作。本章以创建数据库为重点，全面讲解数据库创建和使用的基本知识。

本章要点

1. 使用图形方式创建数据库。
2. 使用命令方式创建数据库。
3. 附加和分离数据库。
4. 创建查询的方法。

3.1 任务一 使用图形方式创建数据库

任务名称：使用图形方式创建数据库。

任务描述：本书所采用的实例是一个办公自动化管理系统所使用的数据库，该数据库名称为"OASystem"，开始本书学习的前提就是先建立一个数据库"OASystem"，然后再对该数据库开展一系列的操作。

本任务就是使用图形方式创建"OASystem"数据库，以后的学习都是围绕着这一数据库逐步讲解的。

1. 简要分析

天下事物都一样，都有规可循，现实中的仓库实施与数据库实施任务完全相同，具体说来有以下几点：

1）给数据库起一个名字。

2）设立数据库的初始大小，并指定自动增长的方式。所谓自动增长方式，就是当数据库中的数据不断增多时，数据库的容量以什么样的方式增长，既可以以按百分比的方式增长，也可以按指定数量增长。

3）设定数据库在磁盘中的存储位置，即指定将数据库存储的路径。

2. 实现步骤

1）首先要知道建多大的仓库。

2）其次要确定在哪里建。

3）第三要给仓库起一个名字。

4）设置数据库的属性。

步骤 1：在 Windows 的"开始"菜单中，单击"SQL Server Management Studio"，打开 Microsoft SQL Server 2014 登录窗口，根据提示连接到服务器，如图 3-1 所示。

步骤 2：在"对象资源管理器"窗口中，右击"数据库"节点，在弹出的快捷菜单中单击"新建数据库"命令，开始数据库的创建，如图 3-2 所示。

> **友情提醒**：SQL Server 的启动文件名为 SSMS，是 SQL Server Management Studio 的缩写，位于安装文件夹下的\120\Tools\Binn\ManagementStudio\子文件夹下。

步骤 3：在"新建数据库"窗口中设置创建数据库相关参数。对于初学者只需要在这个步骤中输入数据库名称并设置其相关属性，如图 3-3 所示。设置完成后单击"确定"按钮，这时在"对象资源管理器"的"数据库"节点中会出现新创建的数据库。

图 3-1　连接服务器窗口

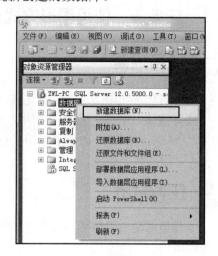
图 3-2　新建数据库

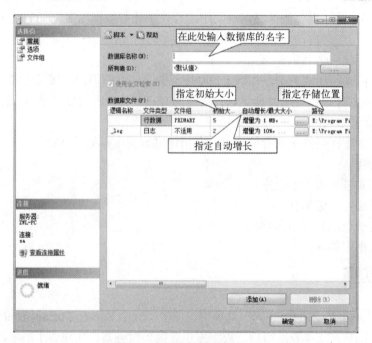
图 3-3　"新建数据库"窗口

综上步骤，一个数据库就被创建出来了。这是初学 SQL Server 2014 最重要的一步。对于初学者来说，使用 SQL Server Management Studio 创建数据库比较简单，但是在实际的开发过程中很多情况下要求用户使用 SQL 命令来新建一个数据库。在下一个任务中将详细介绍如何使用 SQL 命令新建数据库。

> **友情提醒**：如果在"对象资源管理器"的"数据库"中没有出现新建的数据库，这时不要着急，右击"数据库"，在弹出的快捷菜单中单击"刷新"命令后，可出现新建的数据库。

 相关知识

1. 系统数据库

开始数据库操作之前,在对象资源管理器中有一个"系统数据库",展开后里面已经有 4 个数据库,如图 3-4 所示。这些数据库是怎么回事呢?这些数据库有什么用呢?

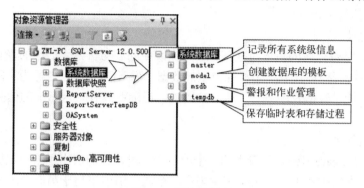

图 3-4 系统数据库

SQL Server 的系统数据库分为:master、model、msdb 和 tempdb,这 4 个数据库在 SQL Server 中各司其职,作为研发人员,必须要了解这几个数据库的作用。

(1)Master 数据库

Master 数据库是 SQL Server 系统中最重要的数据库,它记录了 SQL Server 实例的所有系统级别信息,这些系统信息不仅包括用户的登录信息、系统配置信息,还包括所有其他的数据库信息,数据库文件的位置以及 SQL Server 的初始化信息。为了保证 SQL Server 2014 的正常运行,建议始终有一个 Master 数据库的当前备份可用。

(2)Model 数据库

Model 数据库是在系统上创建数据库的模板。新创建的数据库的各种初始设置将与 Model 数据库的设置保持一致。当系统收到"CREATE DATABASE"命令时,新创建的数据库的第一部分内容从 Model 数据库复制过来,剩余部分由空页填充,所以 SQL Server 数据库中必须有 Model 数据库。如果修改了 Model 数据库的某些设置,则之后创建的所有数据库设置也将随之改变。

(3)Msdb 数据库

Msdb 数据库供 SQL Server 代理程序调度警报和作业以及记录操作员的操作时使用。比如,备份了一个数据库,会在表 backupfile 中插入一条记录,以记录相关的备份信息。

(4)Tempdb 数据库

Tempdb 数据库保存系统运行过程中产生的临时表和存储过程。当然,它还满足其他的临时存储要求,比如保存 SQL Server 生成的存储表等。任何连接到系统的用户都可以在该数据库中产生临时表和存储过程。Tempdb 数据库在每次 SQL Server 启动的时候,都会清空其中的内容,所以每次启动 SQL Server 后,该表都是空的。临时表和存储过程在连接断开后会自动除去,而且当系统关闭后不会有任何活动连接。默认情况下,在 SQL Server 运行时 Tempdb 数据库会根据需要自动增长。不过,与其他数据库不同,每次启动数据库引擎时,它会重置为其初始大小。

2．数据库对象

数据库对象定义了数据库内容的结构，是数据库的重要组成部分。它们包含在数据库项目中，数据库项目还可以包含数据生成的计划和脚本。在"解决方案资源管理器"中，数据库对象在文件中定义，并在数据库项目中的"架构对象"子文件夹下根据类型分组。使用数据库对象时，可能发现使用名为"架构视图"的数据库对象视图会更加直观。下面介绍 SQL Server 2014 常用的数据库对象。

（1）表与记录

表（Table）是数据库的重要组成部分，数据库中的表与日常生活中的表类似，都是由行和列组成。其中每一列都代表一个相同类型的数据，列（Column）也称为字段，每列的标题就是字段名。记录是数据表中一行（Row）数据，记录着具有一定意义的信息集合。表就是记录的集合。

（2）主键与外键

主关键字（Primary Key）是表中的一个或多个字段，它的值用于唯一地标识表中的某一条记录。在两个表的关系中，主关键字用来在一个表中引用来自于另一个表中的特定记录。主关键字是一种唯一关键字。一个表不能有多个主关键字，并且主关键字的列不能包含空值。主关键字是可选的，但是建议为每个数据表都设置一个主键。

外关键字（Foreign Key）是关系与关系之间的联系，也就是说实现了表与表之间的关联。以另一个关系的外键作为主关键字的表被称为主表，具有此外键的表被称为主表的从表。

（3）索引

索引（Index）是根据数据表里的列建立起来的顺序。索引的作用相当于图书的目录，数据库中的索引可以让用户快速检索出表中的特定信息。设计良好的索引可以显著地提高数据库的查询能力和应用程序的性能。索引同样可以强制表中记录的唯一性，从而保证数据库中的数据具有良好的完整性。

（4）约束

约束是为了保证数据库中数据的完整性而实现的一套约束机制，SQL Server 2014 中包括主键（Primary Key）约束、外键（Foreign Key）约束、唯一（Unique）约束、默认（Default）约束、检查（Check）约束 5 种约束机制。

（5）视图

视图（View）可作为数据库中的一个虚拟表，其内容由查询语句组成。同真实的表一样，视图包含一系列带有名称的列和行数据。但是，视图并不在数据库中以存储的数据值集形式存在。视图中行和列的数据来自由定义视图的查询所引用的表，并且在引用视图时动态生成。

（6）关系图

关系图就是数据表之间的关系示意图，利用关系图可以编辑表与表之间的关系。关系图同样可以实现数据表之间的约束。

（7）存储过程

存储过程（Stored Procedure）是在大型数据库系统中，一组完成特定功能的 SQL 语句集，经编译后存储在数据库中，用户通过指定存储过程的名字并给出参数来执行。其运行速度比执行相同的 SQL 语句速度快。

（8）触发器

触发器是一种特殊的存储过程，它在对数据库进行插入、修改、删除等操作或对数据表进行创建、修改、删除等操作时自动激活并执行。

（9）用户和角色

用户是有权限访问数据库的操作者；角色是数据库管理员设置好权限的用户组。

3．数据库文件

SQL Server 数据库通过数据文件保存与数据库相关的数据和对象。在 SQL Server 2014 中有两种类型的数据文件。新建数据库，会自动生成这两个文件：数据文件和事务日志文件。数据文件存储的是数据，事务日志文件记录的是各种针对数据库的操作，如图 3-5 所示。

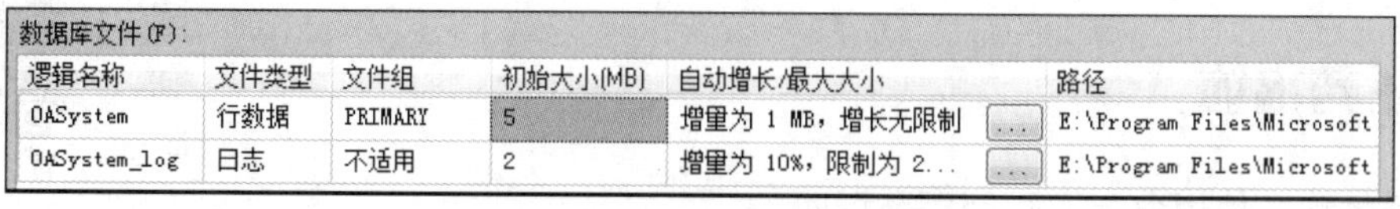

图 3-5　新建数据库时自动生成的文件

数据库创建完毕后，在计算机磁盘上会产生两个文件，即数据文件和事务日志文件，如图 3-6 所示。

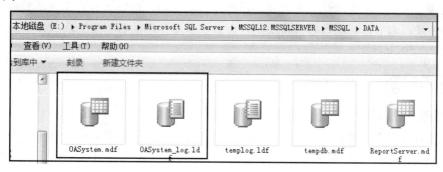

图 3-6　创建数据库后磁盘上产生的两个文件

1）数据文件。数据文件是数据库的起点，其中包含了数据库的初始信息，并记录数据库还拥有哪些文件。每个数据库有且只能有一个主数据文件，根据需要还可以建立若干从数据文件。主数据文件是数据库必需的文件，在创建数据库时自动生成，默认的主数据文件的扩展名是.mdf，从数据文件是在创建数据库时或者创建数据库后由用户添加的，从数据文件的扩展名是.ndf。

2）事务日志文件。在 SQL Server 2014 中，每个数据库至少拥有一个自己的日志文件，也可以拥有多个日志文件。日志文件的大小最少是 1MB，默认扩展名是.ldf，用来记录数据库的事务日志，即记录了谁对数据库做了什么。

【操作实例 3-1】创建"学生管理"数据库。创建一个新的"学生管理"数据库，要求数据文件和日志文件的名称使用默认即可。数据文件的初始大小为 5MB，每次自动增长 1MB，最大 100MB。日志文件初始值为 2MB，自动增长 10%，没有大小限制。数据库保存的位置使用默认路径。

步骤 1：通过操作系统的"开始"菜单打开 SSMS。

步骤 2：在 SSMS 主窗体的"对象资源管理器"窗口中，右击"数据库"节点，在弹出的快捷菜单中单击"新建数据库"命令。

步骤 3：在"新建数据库"对话框中设置相关创建数据库参数。首先设置数据库名称为"学生管理"。

步骤 4：将数据文件及日志文件的初始大小分别设定为 5MB 和 2MB。

步骤 5：打开数据文件的自动增长设置对话框，将自动增长大小设定为 1MB，最大上限为 100MB。同样方法设定日志文件的增长大小为 10%，没有上限。

3.2 任务二 使用命令创建数据库

任务描述

任务名称：使用命令方式创建数据库。

任务描述：在 SQL Server 2014 中，大多数的数据库管理操作都包括两种方法：一种方法是使用 SQL Server Management Studio 的对象资源管理器，以图形化的方式完成对数据库的管理；另一种方法是使用 T-SQL 语句或系统存储过程，以命令方式完成对数据库的管理。

前面任务中采用了图形化方式创建数据库，在实际应用中以命令方式创建数据库也是不可缺少的技能，本节任务仍以办公自动化管理系统中所使用的数据库为例，采用命令方式建立数据库"OASystem"。

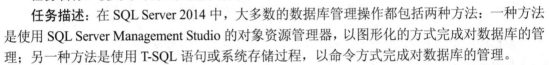

1．简要分析

本任务目标与上一个任务一样：创建一个数据库，所不同的是本任务要采用命令行方式创建。在 SQL Server 2014 的 SQL 查询编辑器中使用 CREATE DATABASE 命令来创建"OASystem"数据库。

命令方式虽然不如图形化方式操作便捷，但命令方式却是程序员最常用的数据库操作方式。掌握必需的数据库操作命令，是学习 SQL Server 必备的技能。学习命令时，可以先掌握最基本的操作方式，简单了解相关参数即可，不要被大量的参数吓倒。

2．实现步骤

1）在 SQL Server Management Studio 中创建一个查询。
2）使用 SQL 命令创建数据库。
3）使用 SQL 命令创建事务日志文件。
4）使用命令设置数据库的属性。

任务实现

步骤 1：新建查询。在"菜单栏"中依次选择"文件"→"新建"之后，有两个菜单项可以进入查询编辑器窗口，分别是"使用当前连接查询"和"数据库引擎查询"，如图 3-7 所示。也可以在工具栏中直接单击"新建查询"图标，如图 3-8 所示。打开 SQL 查询编辑器，如图 3-9 所示。

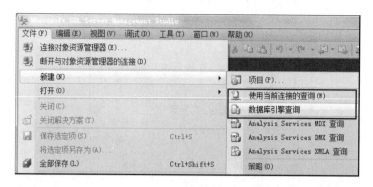

图 3-7 打开数据库引擎查询

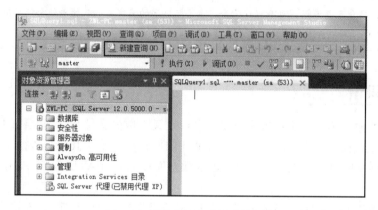

图 3-8 用命令行方式新建数据库

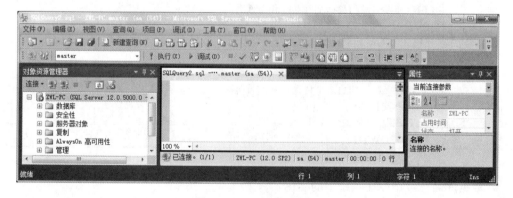

图 3-9 SQL 查询编辑器

步骤 2：使用 CREATE DATABASE 命令新建数据库 OASystem_1。在 SQL 查询编辑器中输入如下命令。

```
CREATE DATABASE [OASystem_1]
```

"OASystem_1"为数据库的名称，规范的写法要用中括号括起来，也可以省略中括号。输入完成后单击"执行"按钮并查看结果，如图 3-10 所示。

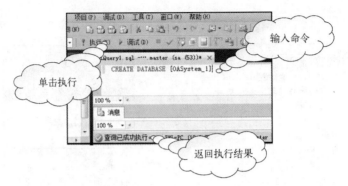

图 3-10 以命令方式新建数据库

> **友情提醒**：这是最基本的建立数据库命令，除了数据库的名字外，其他参数全部采用默认值，如需要指定数据库文件、增长方式等参数，则在上述语句后继续增加句子即可。

相关知识

数据库创建命令主要包括：定义数据库名；定义主数据文件和日志文件的逻辑名称、确定数据库文件位置及其大小；确定事务日志文件的位置和大小。其中，数据库名称项是必须要有的，其他项目则可以有也可以没有。创建数据库使用 CREATE DATABASE 语句，其语法如下。

```
CREATE DATABASE <数据库名>
[ON[PRIMARY][（NAME=<逻辑数据文件名>，]
    FILENAME='<操作数据文件路径和文件名>'
    [，SIZE=<文件初始长度>]
    [，MAXSIZE=<最大长度>]
    [，FILEGROWTH=<文件增长率>][，…n]）]
[LOG ON（[NAME=<逻辑日志文件名>，]
    FILENAME='<操作日志文件路径和文件名>'
    [，SIZE=<文件初始长度>]
    [，MAXSIZE=<最大长度>]
    [，FILEGROWTH=<文件增长率>][，…n]）]
```

各参数的含义说明如下。
- 数据库名：数据库在系统中的名称。
- PRIMARY：该选项是一个关键字，指定该文件是否为主数据文件。
- LOG ON：指明事务日志文件的明确定义。
- NAME：指定数据库的逻辑名称，即文件保存在硬盘上的名称。
- FILENAME：指定数据库文件及日志文件在操作系统中的文件名称和路径，该文件名和 NAME 的逻辑名称一一对应。
- SIZE：数据库的初始大小。
- MAXSIZE：数据库系统文件可以增长到的最大尺寸。

- FILEGROWTH：指定文件每次增加容量的大小，当指定数据为 0 时，文件不增长。

数据库定义语句中需要注意以下 3 个方面的内容。

1）定义数据库名。SQL Server 中，数据库名称最多为 128 个字符。SQL Server 中，每个系统最多可以管理用户数据库 32,767 个。

2）定义数据文件。数据库文件最小为 3MB，默认值为 3MB；文件增长率的默认值为 10%。可以定义多个数据文件，默认第一个为主文件。

3）定义日志文件。在 LOG ON 子句中：日志文件的大小最小值为 1MB。可以定义多个日志文件。

> **友情提醒**：在用命令创建数据库时，不能出现双引号""，数据库名称和存储路径只能用单引号'；句尾不能用分号";"，必须要使用逗号","；在命令的最后一条语句末尾不能使用逗号","。

【操作实例 3-2】 使用 SQL 语句创建数据库。

用命令行创建一个新的"student"数据库，要求数据文件和日志文件的名称使用默认即可。数据文件的初始大小为 5MB，每次自动增长 1 MB，最大为 100MB。日志文件初始值为 1MB，自动增长 10%，没有大小限制。数据库保存的位置为 D 盘根目录下的"学生管理"文件夹。

```
CREATE DATABASE student
On
(
NAME = 'student_dat',
FILENAME = 'D:\学生管理\student_dat.mdf',
SIZE=5MB,
MAXSIZE=100MB,
FILEGROWTH=1MB
)
LOG ON
(NAME = 'student_log',
FILENAME = 'D:\学生管理\student_log.ldf',
SIZE=1MB,
FILEGROWTH=10%
)
```

创建好的数据库属性如图 3-11 所示，初始值、增长率和保存地址等各项参数与语句相符。

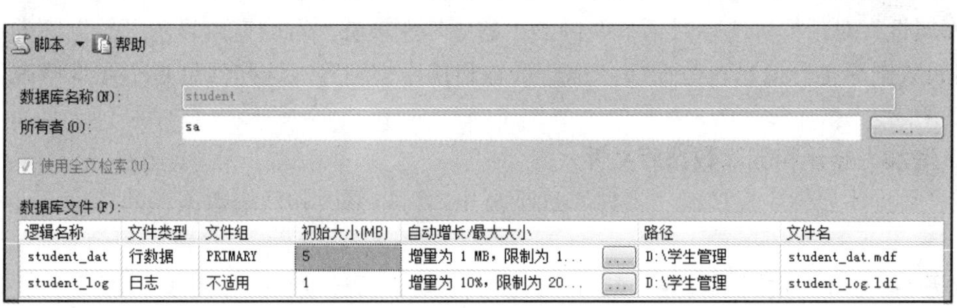

图 3-11 新建数据库的属性

> **友情提醒**：在创建数据库时，应事先对所创建的数据库进行分析，根据存储数据量的大小和数据的类型对数据库的相关属性有大致的了解。在创建数据库时对应其分析结果设置数据库的属性，尽量避免将属性全部设置为默认值。

3.3 任务三 数据库管理

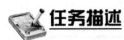

任务名称：数据库管理。

任务描述：数据库在运行过程中，由于各种情况，可能需要对数据库进行各种修改。如调整数据空间的大小、增加数据库文件、管理数据库文件组、调整文件所属的文件组等。本任务将对上个任务所创建的数据库进行数据库属性查看、数据库修改、数据库删除、数据库分离、数据库附加五项操作。

1．简要分析

当数据库某些属性不满足实际使用的要求时，就要对数据库进行修改。本任务是对上两节创建的"OASystem"数据库的属性进行修改，以达到满足实际使用的要求。

2．实现步骤

1）查看数据库信息。

2）增加、删除与修改数据库文件。

3）分离与附加数据库。

1．查看数据库信息

步骤1：启动SQL Server Management Studio，连接数据库实例。展开对象资源管理器里的树形目录，定位到"OASystem"数据库上。

步骤2：右击"OASystem"数据库节点，在弹出的快捷菜单中单击"属性"命令，打开"数据库属性"对话框。选中对话框左侧的"常规"选项页，右侧窗口显示了数据库的基本信息。例如数据库备份信息、数据库名称、状态和排序规则等，这些信息是不允许修改的。如图3-12所示。

2．增加、修改和删除数据库文件

在"数据库属性"窗口的"文件"选项页里，可以修改和新增数据库的数据文件与日志文件。

步骤1：打开"数据库属性"窗口，切换到"文件"选项页，如图3-13所示。在这里可以对数据库的文件类型、初始大小、自动增长大小进行设置和修改，但不能修改数据库名称。

图 3-12 "数据库属性"对话框

图 3-13 "文件"选项页

友情提醒：如果修改数据库文件属性，不能对文件类型、所属文件组和路径三个属性进行修改。如果想要修改数据库的存储路径，可以在数据库管理系统中将数据库分离，然后将数据库文件移动到想要设置的路径，再将移动后的数据库文件附加到数据库管理系统中。

步骤 2：在"文件"选项页里，可以查看当前已经存在的数据库文件，包括数据文件和日志文件。如果要添加新的数据库或日志文件，单击"添加"按钮，列表中就会自动创建新行，如图 3-13 所示。先设置新文件的"逻辑名称"，然后在"文件类型"选项中选择创建的文件是"行数据"还是"日志"。

步骤 3：如果要设置自动增长的属性，可以单击"自动增长"栏后的"..."按钮，弹出如图 3-14 所示的窗体。在此窗体中，可以设置是否启动自动增长，可以按照百分比或 MB 来设置文件增长的幅度，也可设置文件的最大限制。

步骤 4：如果要设置数据库的存放位置，单击"路径"栏后的"..."按钮，打开图 3-15 所示的"定位文件夹"窗体。在该窗体里选择要存放的路径，然后单击底部的"确定"按钮。

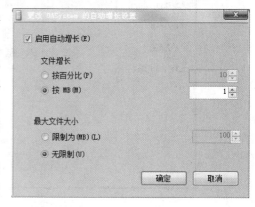

图 3-14 "自动增长"窗体

步骤 5：如果要删除数据库文件，在如图 3-13 所示的"文件"选项页里，在"数据库文件"列表中选择要删除的文件，再单击"删除"按钮。

图 3-15 "定位文件夹"窗体

> **友情提醒**：主数据文件是不能删除的。日志文件必须要保留一个，当删除到只剩最后一个日志文件时，就不能删除了。

3．分离与附加数据库

如何将其他计算机上的数据库载入到自己的计算机呢？SQL Server 提供了分离与附加功能实现这一任务。即在一台计算机上将数据库分离后，将数据库文件复制到其他计算机上，在其他计算机上的 SQL Server 系统中使用附加的方式，将这个数据库载入到自己的数据库系统中。

数据库设计人员往往是在自己的计算机上设计数据库，设计完数据库之后，可以使用分离与附加数据库的办法，在自己计算机上将数据库分离出来，然后附加到数据库服务器上。也可以将数据库服务器上暂时不用的数据库分离出来，减少 SQL Server 服务器的负担，等到需要的时候再附加上去。下面介绍如何分离与附加数据库。

步骤 1：在"对象资源管理器"窗口中展开树形目录，右击"OASystem"数据库节点，在弹出的快捷菜单中依次选择"任务"→"分离"选项，如图 3-16 所示。打开"分离数据库"窗口。

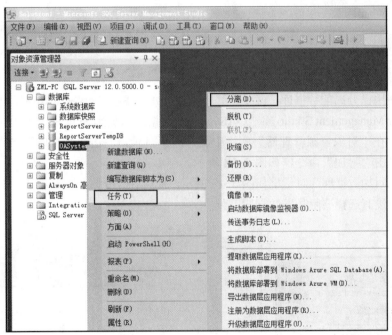

图 3-16 分离数据库

步骤 2："分离数据库"窗口如图 3-17 所示。如果对话框中"状态"列表显示"就绪"，说明当前数据库没有其他连接，可以分离。单击对话框中"确定"按钮，完成分离操作。

> **友情提醒**：如果状态栏中显示"未就绪"，则说明有用户与此数据库连接，这时无法正常分离数据库。此时就要在删除连接前面的复选框中点击"√"。这时 SQL Server 2014 就会删除用户与数据库的连接，即可完成数据库的分离。

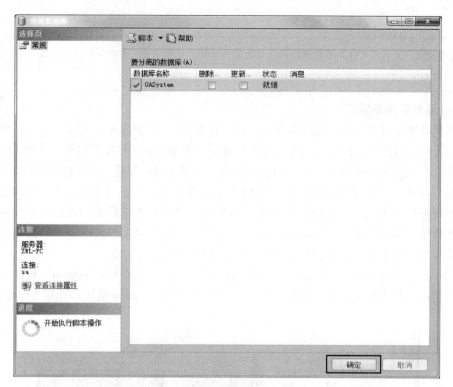

图 3-17 "分离数据库"窗口

如果要使用已分离的数据库,就要将其数据库附加到 SQL Server 2014 上。下面介绍如使用 SQL Server Management Studio 将"OASystem"数据库附加到 SQL Server 2014 上。

步骤 3:在"对象资源管理器"窗格中展开树形目录,右击"数据库"节点,在弹出的快捷菜单里单击"附加"命令,如图 3-18 所示。

弹出的"附加数据库"对话框如图 3-19 所示。此时在"要附加的数据库"列表中无任何内容,因为还没有选择要附加的数据库文件。

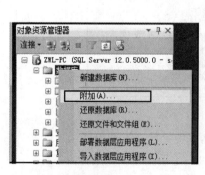

图 3-18 选择"附加"命令

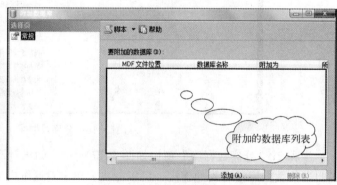

图 3-19 "附加数据库"对话框

步骤 4:单击"添加"按钮,弹出如图 3-20 所示的"定位数据库文件"窗口。在该窗口中选择"OASystem"数据库文件的存储路径,然后选择"OASystem.mdf"数据库文件,最后单击"确定"按钮完成数据库文件定位操作。

图 3-20 "定位数据库文件"窗口

步骤 5:返回"附加数据库"窗口。如图 3-21 所示,在"要附加的数据库"列表中,已经添加将要附加的"OASystem"数据库文件。其中"附加为"栏中显示的是数据库的名称,"MDF 文件位置"栏中显示的是原数据库存储的地址路径。

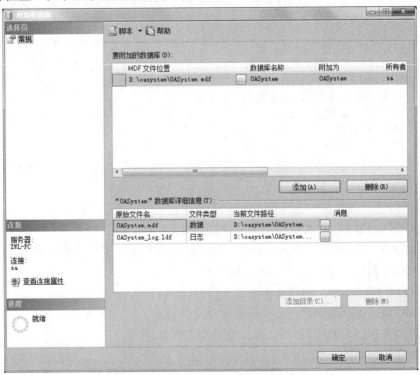

图 3-21 附加数据库后的效果

步骤 6:单击"确定"按钮,完成数据库附加操作。完成后,可以在"对象资源管理器"窗格中看到新附加的"OASystem"数据库,如图 3-22 所示。

图 3-22　显示附加的数据库

友情提醒：原始数据库一定要存放在磁盘根目录下；如果缺少日志的文件，数据库是可以成功附加的，但是如果缺少数据文件中的任何一个，都将无法成功附加数据库。

相关知识

1. 使用命令修改数据库

修改数据库使用 ALTER DATABASE 命令实现，配合多个子句实现不同的修改功能，其用法很简单，下面就是标准的修改数据库的命令。

```
ALTER DATABASE  数据库名称
{   ADD FILE <filespec> [ ,...n ] [ TO FILEGROUP { filegroup_name } ]
  | ADD LOG FILE <filespec> [ ,...n ]
  | REMOVE FILE logical_file_name
  | MODIFY FILE <filespec>
  | ADD FILEGROUP filegroup_name
  | REMOVE FILEGROUP filegroup_name
  | MODIFY FILEGROUP filegroup_name { filegroup_property | NAME= new_filegroup_name }}
```

有关说明如下。

1）ADD FILE：向数据库文件组添加新的数据文件。

2）ADD LOG FILE：向数据库添加事务日志文件。

3）REMOVE FILE：从 SQL Server 的实例中删除逻辑文件说明并删除物理文件。

4）MODIFY FILE：修改某一文件的属性。

5）ADD FILEGROUP：向数据库添加文件组。

6）REMOVE FILEGROUP：从实例中删除文件组。

7）MODIFY FILEGROUP：修改某一文件组的属性。

2. 使用命令删除数据库

使用 T-SQL 的 DROP DATABASE 语句可以删除用户数据库，其语法格式如下。

```
DROP DATABASE database_name
```

有关说明如下。

1) DROP DATABASE：删除数据库的命令。

2) database_name：指定要删除的数据库的名称。

3．使用命令分离数据库

利用系统存储过程分离数据库的命令很简单，下面就是标准的命令。

```
sp_detach_db [ @dbname= ]'database_name'
    [,[ @skipchecks =]'skipchecks' ]
    [,[ @keepfulltextindexfile =]'KeepFulltextIndexFile'
```

有关说明如下。

1) [@dbname =]'database_name'：要分离的数据库的名称。

2) [@skipchecks =]'skipchecks'：指定跳过还是运行 UPDATE STATISTIC。

3) [@keepfulltextindexfile =]'KeepFulltextIndexFile'：指定在数据库分离操作过程中不会删除与所分离的数据库关联的全文索引文件。

4．使用命令附加数据库

使用系统存储过程 sp_attach_db 来执行附加用户数据库的操作，下面就是标准的命令。

```
sp_attach_db [ @dbname= ]'database_name'
    [ @filename1= ]'filename_n'
```

有关说明如下。

1) [@dbname=]'database_name'：要附加到该服务器的数据库的名称，该名称必须是唯一的。

2) [@filename1=]'filename_n'：数据库文件的物理名称，包括路径。

5．生成数据库脚本

SQL Server 系统可以打开以记事本文件格式保存的 SQL 脚本，用户可以在一个记事本中编写 SQL 语句，然后在 SQL Server 2014 中打开并执行。如果有一个已经创建好的数据库，可以从中得到其创建的 SQL 语句，即生成数据库脚本。有关说明如下。

1) 右键单击"OASystem"数据库节点，在弹出的快捷菜单中依次选择"编写数据库脚本为"→"CREATE 到"→"新查询编辑器窗口"命令，如图 3-23 所示。

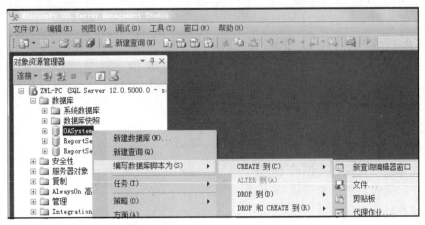

图 3-23 生成数据库脚本的过程

2）打开的 SQL 查询编辑器中显示该数据库的创建 SQL 脚本，如图 3-24 所示。

```
SQLQuery2.sql -...ASystem (sa (55))  ×
USE [master]
GO

/****** Object:  Database [OASystem]    Script Date: 2018-10-07 9:29:02 ******/
CREATE DATABASE [OASystem]
 CONTAINMENT = NONE
 ON  PRIMARY
( NAME = N'OASystem', FILENAME = N'D:\oasystem\OASystem.mdf' , SIZE = 5120KB , MAXS
 LOG ON
( NAME = N'OASystem_log', FILENAME = N'D:\oasystem\OASystem_log.ldf' , SIZE = 2048K
GO

ALTER DATABASE [OASystem] SET COMPATIBILITY_LEVEL = 120
GO
```

图 3-24　生成的数据库脚本

【操作实例 3-3】　使用 SQL 语句管理数据库。

步骤 1：使用命令为 "OASystem" 的数据库增加一个日志文件。

```
ALTER DATABASE OASystem
ADD FILE  （NAME=增加的数据文件，
     FILENAME='D:\data\ OASystem 增加的数据文件.ndf'）
```

步骤 2：用 Drop database 语句删除数据库．

```
Use master
DROP DATABASE  测试数据库
```

步骤 3：使用系统存储过程分离 "OASystem" 数据库．

```
Exec sp_detach_db 'OASystem'
```

步骤 4：使用命令附加 "OASystem" 数据库。

```
Use master
CREATE DATABASE OASystem
ON (FILENAME = 'D:\SQLServer\03\OASystem.mdf ')
FOR ATTACH
```

3.4　MTA 微软 MTA 认证考试样题 3

1. 知道哪些核心数据库概念将确保您能够应对数据库管理认证考试？
   a. 关系数据库管理系统、数据操作语言、数据定义语言、SQL
   b. 电子工程、数据类型、视图和图形设计器
   c. 数据库备份、开发语言和还原技术
2. 下面哪些不是操作数据的方法？
   a. 选择、插入、更新和删除
   b. 创建存储过程和函数
   c. 创建主键和外键

3. 什么是规范化?
a. 使包含的重复信息最小化的技术
b. 用于备份和还原数据库的过程
c. 提供关键字和所存储数据的指针的策略

本章小结

本章介绍了如何操作数据库。在 SQL Server Management Studio 中可以使用图形方式和命令方式建立数据库,附加和分离数据库、设置数据库的属性以及删除数据库等。本章的重点是数据库的创建和对数据库进行相关管理操作,例如,附加数据库、分离数据库、删除数据库等。通过本章的学习,使读者对数据库有了更深层次的了解和认识,为以后的学习打下坚实的基础。

课后习题

一、填空题

1. 数据库的自动增长方式,就是当数据库中的数据不断增多时,其数据库的容量以什么样的方式增长,既可以按(　　)的方式增长,也可以按(　　)增长。
2. 新建数据库中,选项页共有(　　)、(　　)及(　　)三个选项。
3. SQL Server 的系统数据库包括(　　)、(　　)、(　　)、(　　)。
4. (　　)数据库记录 SQL Server 系统的所有系统级别信息。
5. 当系统收到 CREATE DATABASE 命令时,新创建的数据库的第一部分内容从(　　)复制过来,剩余部分由空页填充。
6. 数据库中的表与日常生活中的表很类似,其中每一列都代表一个相同类型的数据,列也称为字段,每列的标题就是(　　)。
7. 在 SQL Server 2014 中,可以使用 SQL Server Management Studio 的(　　),以图形化的方式完成对于数据库的管理。
8. 原始数据库一定要存放在(　　)下。如果缺少日志的文件,数据库是可以成功附加的,但是如果缺少(　　)中的任何一个,都将无法成功附加数据库。
9. 在修改数据库命令中,(　　)子句向数据库文件组添加新的数据文件。
10. 在附加数据库命令的[@dbname=]子句中,dbname 是要附加到该服务器的(　　)。

二、选择题

1. SQL Server 2014 的默认登录名是(　　)。
   A. admin　　　　B. sa　　　　　　C. login　　　　D. sql
2. SQL Server 的启动文件名为(　　)。
   A. SSMS　　　　B. Server　　　　C. sql　　　　　D. bind
3. 连接到服务器中填写(　　)身份验证。
   A. 用户名　　　　B. SQL Server　　C. Server　　　　D. sql
4. 系统数据库中 master 表示什么意思?(　　)

A．记录所有系统级别信息

B．创建数据库的模板

C．代理程序调度警报和作业以及记录操作员

D．保存临时表和储存过程

5．主关键字是表中的（　　）字段，它的值用于唯一地标识表中的某一条记录。

A．一个或多个　　　　B．一个　　　　C．多个　　　　D．256个

6．以命令方式完成对数据库的管理，以下说法正确的是（　　）。

A．只可以使用 T-SQL 语句

B．不可以使用系统存储过程

C．T-SQL 语句或系统存储过程

D．可以使用系统存储过程，但不可以使用 T-SQL 语句

7．使用 T-SQL 命令管理数据库，应该在（　　）中输入。

A．右键菜单　　　　　　　　B．消息对话框

C．新建查询　　　　　　　　D．视图窗口

8．使用 CREATE DATABASE 命令新建数据库时数据库的名称要用（　　）括起来。

A．小括号　　　　　　　　　B．中括号

C．单引号　　　　　　　　　D．双引号

9．用命令行创建数据库可以使用（　　）子句指定数据库文件的名称。

A．NAME　　　　　　　　　B．FILENAME

C．DataBaseName　　　　　D．DataName

10．表就是（　　）信息的集合。

A．字段　　　　　　　　　　B．记录

C．命令　　　　　　　　　　D．数据

三、判断题

1．SQL Server 的启动文件名为 SSMS，是 SQL Server Management Studio 的缩写，位于安装文件夹的\120\Tools\Binn\ManagementStudio\子文件夹下。　　　　（　　）

2．Tempdb 数据库保存系统运行过程中产生的临时表和存储过程。（　　）

3．数据库对象定义了数据库内容的结构，是数据库的重要组成部分。它们包含在数据库项目中，数据库项目还可以包含数据生成计划和脚本。（　　）

4．CREATE DATABASE（OASystem_1）用来创建数据库。（　　）

5．在用命令创建数据库时，不能出现双引号""，数据库名称和存储路径只能用单引号''。（　　）

6．主数据文件是不能删除的，日志文件必须要保留一个，当删除到只剩最后一个日志文件时，就不能删除了。（　　）

7．使用系统存储过程 sp_attach_db 来执行附加用户数据库的操作。（　　）

8．修改数据库可以使用 ALTER DATABASE 命令实现。（　　）

9．用记事本就可以编写脚本，写好以后把脚本在 SQL 中打开，然后运行就可以生成对应的功能了。（　　）

四、应用题

1. 创建数据库 Student，并将指定日志文件名称指定为 Student_log，将日志文件存储在位置 E:\SQL\下。

2. 创建数据库"OASystem"，指定数据库初始大小并确定数据库最大容量，同时指定数据库自动增长大小，怎样输入代码？

3. 怎样使用 T-SQL 的 CREATE DATABASE 语句创建用户数据库？写出语法格式。

4. 怎样使用 T-SQL 的 DROP DATABASE 语句删除用户数据库？写出语法格式。

5. 如何分离与附加数据库？写出具体步骤。

第4章 数据表操作

内容摘要

数据表是数据库中最重要的组成部分,数据库是数据表的容器,数据库中的所有数据都存储在数据表中。数据表与现实生活中的表很类似,都由行和列组成。本章以数据表的建立和管理为重点,全面讲解数据表的知识。

本章要点

1. 使用图形方式创建表。
2. 使用命令方式创建表。
3. 修改表的结构。
4. 删除表。
5. 表的索引。

4.1 任务一　使用图形方式创建表

任务描述

任务名称：使用图形方式创建 News 数据表。

任务描述：数据表是数据库中最基本的也是最重要的对象。数据表和实际生活中的表相类似，都是由行和列组成的。列也称为字段，存储着同一类型的数据。行也称为记录，记录着具有一定意义的信息集合。

任务分析

本任务将在 OASystem 数据库中使用图形方式创建数据表 News。

1．简要分析

一提到表，人们就会自然想到日常生活中的各类表格，日常生活中的表格由表格的格式、表中的内容两部分组成。与日常生活中常用的表格相同，数据库中的数据表也由两部分组成，即表格的结构和表格的内容。本任务以 OASystem 数据库中 News 数据表为例，介绍如何使用图形方式创建数据表。News 数据表的数据结构如表 4-1 所示。

表 4-1　News 数据表

字　　段	类　　型	是否允许为空	说　　明	备　　注
ID	int	否	记录编号	主键、自动编号
Title	nvarchar(MAX)	是	标题	
Contents	ntext	是	内容	
Author	nvarchar(50)	是	作者	
Source	nvarchar(50)	是	出处	
CreateDate	datetime	是	上传日期	
Hit	int	是	阅读次数	
Type	nvarchar(50)	是	类型	

2．实现步骤

1）建立数据表结构。建立数据表的结构是创建数据表的第一步，表的结构包括字段名、字段类型、是否允许为空等。

2）生成表。录入了数据表的所有结构信息并确定后，系统根据这些信息自动生成表。

3）向表中录入数据。刚建立的表是一张没有数据的空表，随后将需要存储在表中的数据录入表中。

任务实现

步骤 1：进入 SQL Server Management Studio，在对象资源管理器中双击"数据库"下的"OASystem"数据库，将展开 OASystem 数据库目录树，如图 4-1 所示。

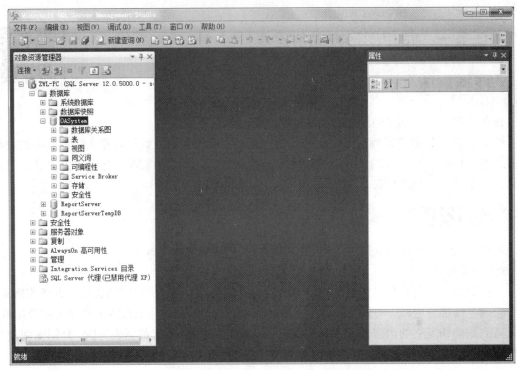

图 4-1 OASystem 数据库目录树

步骤 2：创建数据表。在数据库目录树中，右击"表"节点，在弹出的快捷菜单中选择"新建"→"表"，进入创建新数据表结构界面，如图 4-2 所示。

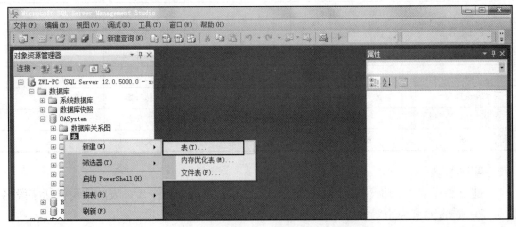

图 4-2 新建表

步骤 3：添加字段。按照表 4-1 所设定的字段及属性，依次输入列名、数据类型，并在属性栏中指定字段的宽度，以及该列是否允许空值。常见的数据类型主要有整型 int、字符型 nvarchar、日期时间型 datetime、文本类型 ntext 等，如图 4-3 所示。

步骤 4：设置主键。每一个表中都有一个具有唯一值的字段，这个字段的值不允许重复，例如学号字段，不允许有两个完全相同的学号，这个字段称为主键。右键单击 News 数据表中 ID 字段，在弹出的对话框中选择"设置主键"列，将 ID 字段设置为主键，如图 4-4 所示。

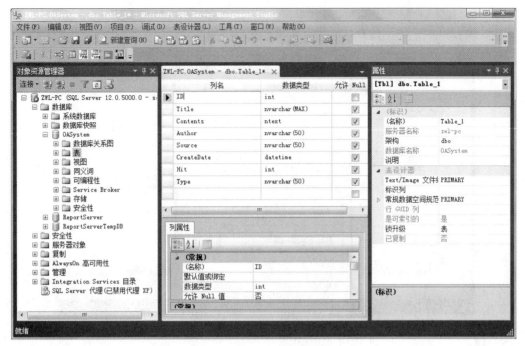

图 4-3 设定 News 表属性

图 4-4 将 ID 字段设置为主键

步骤 5：设置自动编号。一般数据表中都有一个字段作为每行数据的序号，在实际使用时一般将该字段设置为自动编号，系统将根据数据记录的多少自动添加其值。本表设置 News 数据表中 ID 字段为自动编号，如图 4-5 所示。

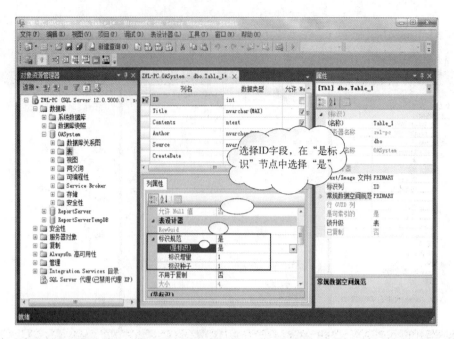

图 4-5　为 ID 字段设置自动编号属性

步骤 6：保存数据表。完成数据结构创建后，如图 4-6 所示单击工具栏上"保存"图标，系统将弹出"选择名称"对话框，此时输入表的名字 News，单击"确认"按钮，完成整个表的创建工作。

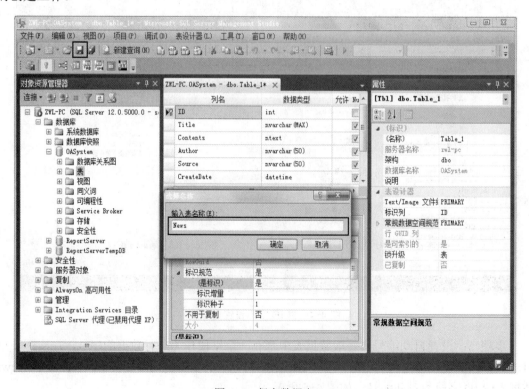

图 4-6　保存数据表

步骤 7：输入数据。完成创建数据表后，就可以在表中添加数据，添加数据有两种方法：一种是使用图形管理界面直接输入数据；另外一种是使用"Insert"命令向数据表中插入数据。在这里介绍第一种方法，第二种方法将在后续章节中详细讲解，如图 4-7 所示。在对象资源管理器中选择 News 表，右键单击该表，选择"编辑前 200 行"，即可向数据表中输入数据。

友情提醒：设置自动编号的字段，其字段类型必须为 int。在输入数据时，应注意主键、字段的类型以及该字段是否允许为空等限定条件，以防止输入错误数据。

图 4-7　向数据表中输入数据

相关知识

1. 什么是表

表（Table）是数据库的重要组成部分，数据库中的表与日常生活中的表很类似，都是由行和列组成。其中每一列都代表一个相同类型的数据，列就是常说的字段，每列的标题就是字段名。

在表结构建立完毕时，向表中输入的数据，每一行就是表中的一条数据记录，记录着具有一定意义的信息集合。表实质上就是记录的集合。

2. 系统表

SQL Server 2014 中包含了很多系统表，在这些系统表中存储了数据库的相关信息，数据库管理人员或者是设计者可以充分利用系统表对数据库进行有效管理。常用的系统表名称及其功能见表 4-2。

表 4-2　SQL Server 2014 常用系统表

系 统 表 名	功　　能	备　　注
sysdatabases	记录数据库信息	该表只存储在 master 数据库中
sysmessages	记录系统错误和警告	SQL Server 在用户的屏幕上显示对错误的描述
syscolumns	记录表、视图和存储过程信息	该表位于每个数据库中
syscomments	包含每个视图、规则、默认值、触发器、CHECK 约束、DEFAULT 约束和存储过程的项	该表存储在每个数据库中
sysdepends	包含对象（视图、过程和触发器）与对象定义中包含的对象（表、视图和过程）之间的相关性信息	该表存储在每个数据库中
sysfilegroups	记录数据库中的文件组信息	该表存储在每个数据库中。在该表中至少有一项用于主文件组
sysfiles	记录数据库中的每个文件信息	该系统表是虚拟表，不能直接更新或修改
sysforeignkeys	记录关于表定义中的 FOREIGN KEY 约束的信息	该表存储在每个数据库中
sysindexes	记录数据库中的索引信息	该表存储在每个数据库中
sysfulltextcatalogs	列出全文目录集	该表存储在每个数据库中
sysusers	记录数据库中用户、组（角色）信息	该表存储在每个数据库中
systypes	记录系统数据类型和用户定义数据类型信息	该表存储在每个数据库中
sysreferences	记录 FOREIGN KEY 约束定义到所引用列的映射	
syspermissions	记录对数据库内的用户、组和角色授予与拒绝的权限的信息	该表存储在每个数据库中

4.2　任务二　使用命令方式创建表

 任务描述

任务名称：使用命令方式创建数据表。

任务描述：上一个任务讲述的是如何用图形的方式创建表，但是在大多数情况下，数据表是通过命令的方式来创建的。虽然使用命令方式创建数据表要比使用图形方式创建数据表复杂，但是这是学习 SQL Server 2014 所必须掌握的知识。本任务讲解如何使用命令方式创建数据表。

 任务分析

1．简要分析

使用命令方式创建数据表是学习 SQL Server 2014 的基础，很多情况下可以灵活使用命令方式创建数据表。启动 SQL Server Management Studio，在 SQL 脚本编辑器中使用 CREATE TABLE 命令创建数据表。

2．实现步骤

1）单击工具栏中的"新建查询"按钮，启动命令编辑窗口。

2）在命令编辑窗口中使用 CREATE TABLE 命令创建数据表。

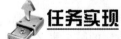 **任务实现**

步骤 1：新建查询。在工具栏中单击"新建查询"按钮，进入 SQL 脚本编辑器。在 SQL 脚本编辑器中输入命令，如图 4-8 所示。

图 4-8　新建查询

步骤 2：编写命令。创建数据表使用 CREATE TABLE 命令，其语法为：

CREATE TABLE 数据库名（字段列表）

创建 OASystem 数据库中 News 表的命令，如下所示。

```
use OASystem                              --打开 OASystem 数据库
CREATE TABLE News                         --使用 Create 命令创建数据表
(
    ID int primary key,                   --创建 ID 字段并设为主键
    Title nvarchar(max) NULL,             --创建 Title 字段，允许为空
    Contents ntext NULL,                  --创建 Contents 字段，允许为空
    Author nvarchar(50) NULL,             --创建 Author 字段，允许为空
    Source nvarchar(50) NULL,             --创建 Source 字段，允许为空
    CreateDate datetime NULL,             --创建 CreateDate 字段，允许为空
    Hit int NULL,                         --创建 Hit 字段，允许为空
    Type nvarchar(50) NULL,               --创建 Type 字段，允许为空
)
```

步骤 3：执行命令。单击工具栏中"执行"按钮，可以编译命令。若在结果提示框中出现"命令已成功完成"，刷新数据库。数据表创建完成，如图 4-9 所示。

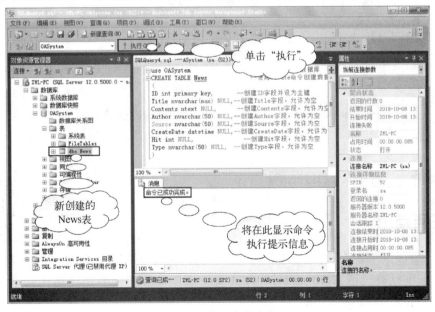

图 4-9　执行脚本命令

相关知识

在上一个使用命令方式创建表的任务中运用到了一些参数，而在实际操作过程中，还将会涉及许多重要的参数。这些参数及其功能详见表 4-3。

表 4-3 创建表常用的参数

编 号	常 用 参 数	功 能
1	Primary key	设置主键
2	Indentity	设置自动编号
3	Null	可以为空
4	Not Null	不可为空

在本节的任务操作过程中，有很多在图形化方式中能够指定的选项，使用命令方式并没有实现，其实加入一些子句，就可实现全部功能。

【操作实例 4-1】 建立表，同时将 ID 字段设置为自动增长。

```
use OASystem                --打开 OASystem 数据库
create table News           --创建 News 数据表
(
    ID int indentity,       --设置 ID 字段为自动编号
)
```

【操作实例 4-2】 建立表，同时将 ID 字段设置为主键。

```
use OASystem                --打开 OASystem 数据库
create table News           --创建 News 数据表
(
    ID int primary key,     --设置 ID 为主键
)
```

【操作实例 4-3】 建立表，同时指定 Title 字段不为空。

```
use OASystem                        --打开 OASystem 数据库
create table News                   --创建 News 数据表
(
    Title nvarchar(max) Not NULL,   --指定 Title 字段不允许为空
)
```

4.3 任务三 修改表的结构

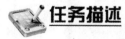

任务描述

当一个表创建完成后，在实际使用过程中，常常会需要根据实际情况对表进行修改，实现这一目标可以通过图形和命令两种方式来完成，本节的任务是使用图形的方式修改 OASystem 数据库中 News 表的结构。

任务分析

1. 简要分析

本任务是将表中"Author"字段的名字变更为"Authors",长度由 50 改为 30,然后增加一个空列 Numbers,删除原有的 Hit 字段。其操作是首先打开图形化修改界面,然后对上述各项进行修改。

2. 实现步骤

1)修改字段名。
2)修改字段长度。
3)增加列。
4)删除列。

步骤 1:打开数据表设计窗体。在 OASystem 数据库中选择 News 数据表,右击"News"数据表在弹出的快捷菜单中单击"设计"选项进入数据表设计窗体,如图 4-10 所示。

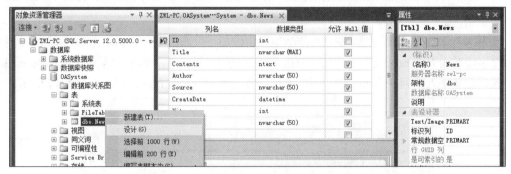

图 4-10 News 表结构

步骤 2:修改字段名。修改字段名只需将数据表中原字段名改为修改后的字段名即可。例如将 News 数据表中的"Author"字段修改为"Authors",直接在设计窗体中修改,如图 4-11 所示。

图 4-11 修改字段名

步骤 3：修改字段长度。修改字段长度主要是针对字段类型长度值的修改，只要对其长度值进行修改即可。但是要注意字段类型长度的取值范围。例如将 News 数据表中的"Author"字段长度值由"50"改为"30"，直接在设计窗体中修改，如图 4-12 所示。

图 4-12　修改字段长度

步骤 4：增加列。增加列是在已有的数据表中增加一个新的字段。例如在 News 数据表中增加一个字段名为 Numbers 的字段。选择要插入该字段的位置，右击选择"插入列"，如图 4-13 所示。然后在新插入的列中输入要添加的字段名、数据类型、是否允许为空，如图 4-14 所示。

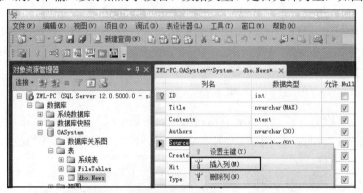

图 4-13　增加列

图 4-14　插入数据

步骤 5：删除列。删除列是将数据表中的某一字段删除，注意删除某一列时，所属此列的全部数据都将被删除。例如要删除 News 数据表中 Hit 字段，在 Hit 字段上右击选择"删除列"即可，如图 4-15 所示。

图 4-15　删除列

1. 字段类型

在建立和修改字段结构的过程中，每个字段都有数据类型，在 SQL Server 中的常见数据类型如表 4-4 所示。

表 4-4　SQL Server 数据类型

数据类型名称			类　　型	说　　明
精确数字类型	整型	int	整型数据（32 位）	-2^{31} 到 $2^{31}-1$
		smallint	整型数据（16 位）	-2^{15} 到 $2^{15}-1$
		Tinyint	整型数据（8 位）	0 到 255
		Bigint	整型数据（64 位）	-2^{63} 到 $2^{63}-1$
	精确小数	Decimal	固定精度的小数位数字数据	$-10^{38}+1$ 到 $10^{38}-1$
		numeric		
	近似数字	Float	浮点精度数字	$-1.79E+308$ 到 $1.79E+308$
		real	浮点精度数字数据	$-3.40E+38$ 到 $3.40E+38$
时间日期类型		datetime	日期和时间数据精确到 3.33 毫秒	1753 年 1 月 1 日到 9999 年 12 月 31 日
		smalldatetime	日期和时间数据，精确到分钟	1900 年 1 月 1 日到 2079 年 6 月 6 日
货币类型		Money	货币数据（64 位）	-2^{63} 到 $2^{63}-1$
		smallmoney	货币数据（32 位）	-2^{31} 到 $2^{31}-1$
字符类型	字符类型	char	固定长度的非 Unicode 字符数据	最大长度为 8,000 个字符
		varchar	可变长度的非 Unicode 字符数据	最长为 8,000 个字符

(续)

数据类型名称		类型	说明
	text	可变长度的非 Unicode 字符数据	最大长度为 $2^{31}-1$ 个字符
Unicode 类型	nchar	固定长度的 Unicode 字符数据	最大长度为 4,000 个字符
	nvarchar	可变长度 Unicode 字符数据	最大长度为 4,000 个字符
	ntext	可变长度 Unicode 字符数据	最大长度为 $2^{30}-1$ 个字符
二进制类型	binary	固定长度的二进制数据	其最大长度为 8,000 个字节
	varbinary	可变长度的二进制数据	其最大长度为 8,000 个字节
	image	可变长度的二进制数据	最大长度为 $2^{31}-1$ 个字节
特殊类型	bit	0 或者 1	
	timestamp	数据库范围的唯一数字，每次更新行时也进行更新	
	uniqueidentifier	全局唯一标识符（GUID）	

2．使用命令修改表的结构

利用 T-SQL 语句修改数据表的语法格式如下：

```
ALTER TABLE table_name
    { [ ALTER COLUMN column_name
    { new data type [ ( precision [，scale ] ) ]
    [NULL | NOT NULL ]
    | ADD
    { [ < column_definition > ] [，…n ]
    | DROP { [ CONSTRAINT ] constraint_name | COLUMN column_name }[，…n ]
```

修改表的结构使用的命令是 ALTER TABLE，其常见参数如表 4-5 所示。

表 4-5　修改表 ALTER TABLE 命令的常用参数

编号	参数	说　明
1	ALTER TABLE	修改数据表命令
2	ADD	向数据表中添加列 用法：ALTER TABLE 数据表名 ADD 字段名 数据类型
3	ALTER COLUMN	修改数据表中字段的数据类型 用法：ALTER TABLE 数据表名 ALTER COLUMN 字段名　新数据类型
4	DROP COLUMN	删除数据表中的字段 用法：ALTER TABLE 数据表名 DROP COLUMN 字段名

友情提醒：ALTER TABLE 允许添加列，但是，不允许删除或更改参与架构绑定视图表中的列。删除列时，必须在删除所有基于列的索引和约束后，才可以删除此列。

3．修改表的名称

修改数据表的名称则需要调用系统 sp_rename 存储过程进行。其用法为：

```
exec sp_rename '原数据表名','新数据表名'
```

4．操作举例

【操作实例 4-4】 将 New 数据表名称修改为 News。打开新建查询编辑器，输入如下代码：

```
use OASystem                        --打开 OASystem 数据库
exec sp_rename 'New','News'         --调用 sp_rename 存储过程，修改数据表名称
```

【操作实例 4-5】 删除数据表中的字段。

将 News 数据表中添加的 Numbers 字段删除。打开新建查询编辑器，输入如下代码：

```
use OASystem                        --打开 OASystem 数据库
alter table News                    --指明对 News 表进行操作
drop column Numbers                 --删除 Numbers 字段
```

【操作实例 4-6】 向数据表中添加字段。添加之前在 News 数据表中删除的 Hit 字段，其数据类型为 int。打开新建查询编辑器，输入如下代码：

```
use OASystem                        --打开 OASystem 数据库
alter table News                    --指明对 News 表进行操作
add Hit int                         --添加 Hit 字段
```

【操作实例 4-7】 修改数据表中字段的类型。将之前在 News 数据表中修改的 Author 字段的数据类型改为原来的 nvarchar(50)。打开新建查询编辑器，输入如下代码：

```
use OASystem                            --打开 OASystem 数据库
alter table News                        --指明对 News 表进行操作
alter column Author nvarchar(50)        --修改 Author 字段的数据类型
```

4.4 任务四 删除表

 任务描述

当数据库中的某些表失去作用时，就要删除该表。删除表时要小心，表一旦被删除，表中的数据和表本身的结构恢复起来很复杂。在删除表之前一定要确定此表已不再使用，或者已将此表备份。删除表同样有两种方式：一是使用图形方式；二是使用命令方式。本节的任务是讲解如何删除表。

 **任务分析**

1．简要分析

删除表的同时，表中的数据也将被删除。所以在删除表前一定要确定将要被删除的表以

及表中的数据已不再使用，或者此表的数据已备份到其他数据库或磁盘中。本任务以删除 OASystem 数据库中 News 表为例，讲解删除表的有关知识。

2．实现步骤

1）使用图形方式删除表。

2）DROP 命令的作用和使用方法。

3）使用命令方式删除表。

步骤 1：进入 SQL Server Management Studio，在"对象资源管理器"中右击"News"数据表，在弹出的快捷菜单中单击"删除"按钮，打开"删除对象"窗口，如图 4-16、图 4-17 所示。

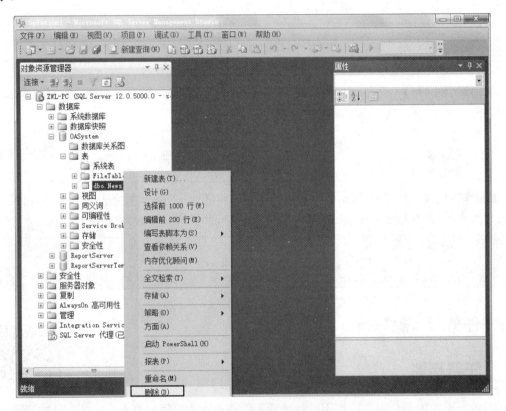

图 4-16　选择删除的数据表

步骤 2：在"删除对象"窗口中，如果"进度"栏中显示为"就绪"表明此表已删除，如果显示为"未就绪"则表明此表目前正在使用，必须先将此表退出使用才能删除。

步骤 3：在"删除对象"窗口中，单击"显示依赖关系"按钮，打开"依赖关系"窗口。在此窗口中可以查看此表与数据库中其他表的依赖关系，以防止因删除一个表而导致数据库其他表中数据出现错误，如图 4-18 所示。

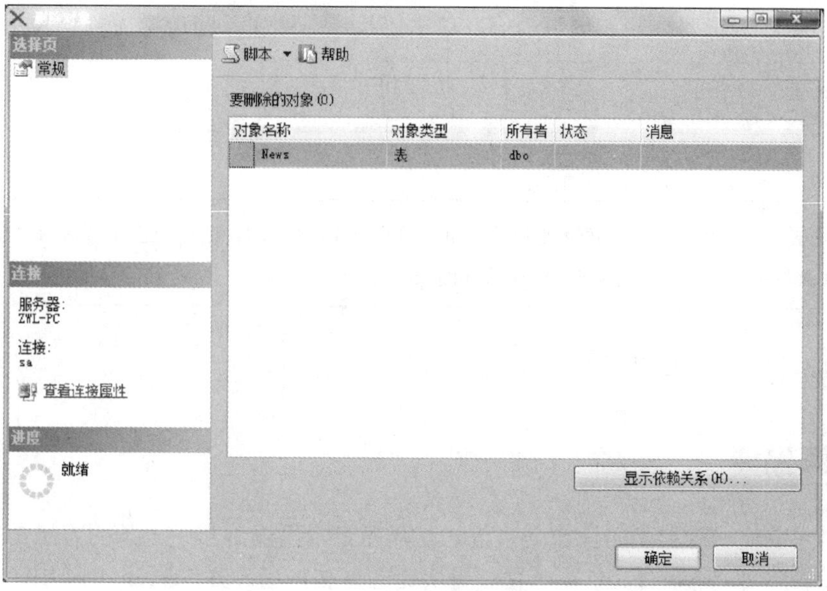

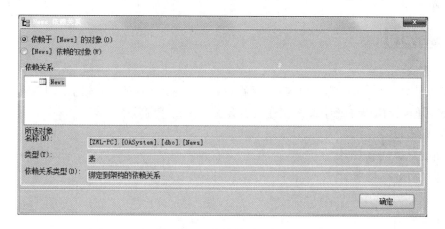

图 4-17 "删除对象"窗口

图 4-18 "依赖关系"窗口

1. DROP 命令的使用方法

DROP 命令是数据定义语言（Data Definition Language，DDL）中的一种语言命令，其作用主要是用于删除数据库对象。其用法简单，便于操作，在实际数据库的操作和管理中经常被使用。其中数据库对象可以是数据库、数据表、索引、视图、触发器、存储过程等。

DROP 命令的语法格式如下：

```
DROP  对象类型  数据库对象名
```

2. 使用 DROP 命令删除 News 表

在 SQL 脚本编辑器中输入如下命令，单击"执行"按钮，即可完成删除 News 表操作。

```
USE OASystem
DROP TABLE News
```

> 友情提醒：如果被删除的数据表是外键所指向的数据表，使用 DROP TABLE 是无法将其删除的，必须将删除表与关联表之间的关联删除，才能删除该数据表。

4.5　任务五　表的索引

 任务描述

在数据库中使用得最多的操作是查询，在众多记录里查询其中一条的方法是什么？是从头到尾一条条查询，还是有其他更方便、更快捷的方法？在 SQL Server 2014 中，提供了一种名为"索引"的技术。为一个或多个字段创建索引，可以大大地提高查询效率。本任务为 News 表创建一个索引。

1. 简要分析

本任务是为 OASystem 数据库 News 数据表中 CreateDate 字段创建索引。因为新闻发布的时间是不会变化的，所以在此字段上创建索引会大大提高查询效率。

2. 实现步骤

1）使用向导创建索引。
2）使用命令创建索引。
3）修改索引。
4）删除索引。

1. 使用向导创建索引

步骤 1：进入 SQL Server Management Studio，在"对象资源管理器"中，右击"News"数据表，在弹出的快捷菜单中单击"设计"选项，打开"News"数据表结构，如图 4-19 所示。

步骤 2：单击工具栏中的"管理索引和键"按钮，打开"索引/键"窗口，如图 4-20 所示。

步骤 3：单击左下方的"添加"按钮，有一个名为"IX_News"的键被添加进来。名称的前缀为 IX，是因为 SQL Server 使用了一种规范命名系统。在"常规"分类的"列"栏中单击"打开"按钮，如图 4-21 所示。弹出"索引列"对话框，在"列名"栏选择"CreateDate"字段，"排序顺序"默认为升序，如图 4-22 所示。单击"确定"按钮返回"索引/键"窗口。

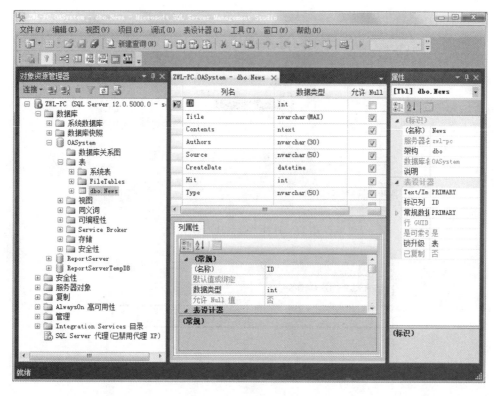

图 4-19 数据表结构设计窗口

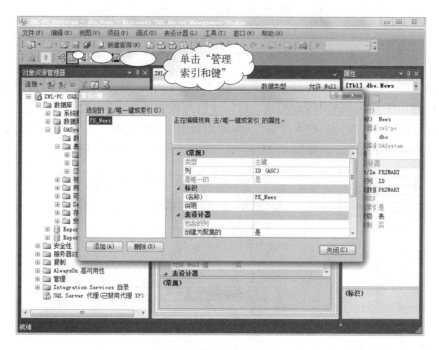

图 4-20 "索引/键"窗口

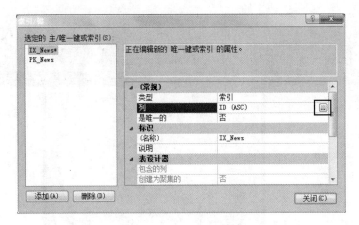

图 4-21 打开"索引列"对话框

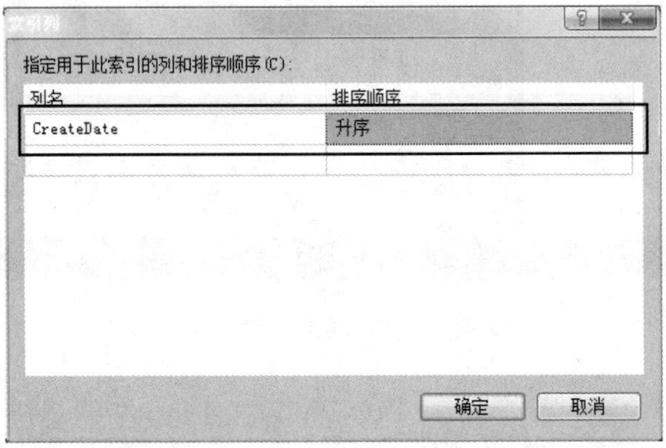

图 4-22 "索引列"对话框

步骤 4：在"名称"栏中将索引名改为 IX_News_CreateDate，这是一个规范的名称。因为该栏保存的是新闻发布的时间，而这个时间是有可能重复的，所以"是唯一的"栏中应为"否"。保持"创建为聚集的"栏为"否"，因为本索引不能保证唯一，所以无法为聚集索引。至此一个索引就创建完成了，如图 4-23 所示。单击"关闭"按钮完成操作。

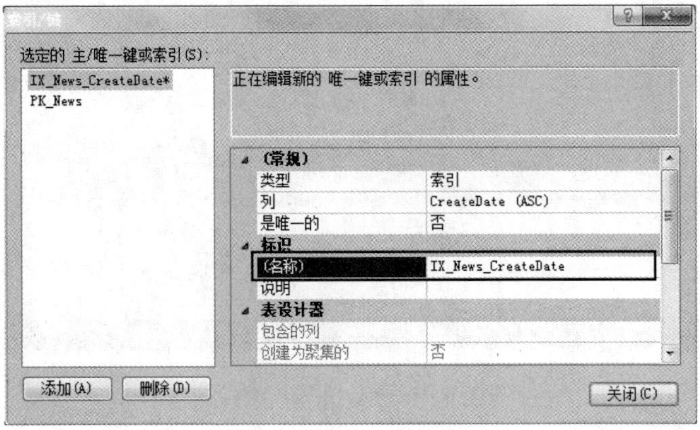

图 4-23 设置索引属性

2．使用命令创建索引

除了以图形界面的方式创建索引外，SQL 语法提供了 CREATE INDEX 语句创建索引。其基本语法格式如下。

CREATE Unique/Clustered/Nonclustered INDEX Name on Table (Fnamel ASC/DESC…)

1）Unique 表明索引列的值是唯一的，如果试图插入重复的数据，则会返回一个错误信息；Clustered 或 Nonclustered 表示是否为聚集索引，默认为 Nonclustered（即非聚集索引）。

2）Name 表示要创建的索引名称，该名称在表中必须是唯一的；Table 表示表的名称。

3）Fnamel 表示在索引中包含的列的名称，可以是一个或多个列，如果为多列，列名称之间用逗号分隔；ASC 表示用升序排序，这是默认的排序；DESC 表示降序排列。

对于本节要创建的索引，可以使用以下语句：

CREATE INDEX IX_News_CreateDate on News(CreateDate)

3．修改索引

（1）使用向导修改索引

步骤 1：在"对象资源管理器"中，打开"News"数据表中的"索引"列表。右击"IX_News"，在弹出的快捷菜单中选择"重命名"，输入索引名称后按〈Enter〉键确认，索引名称就修改成功了。

步骤 2：在"对象资源管理器"中，打开"News"数据表中的"索引"列表。双击"IX_News"菜单或者右击"IX_News"菜单，在弹出的快捷菜单中选择"属性"，弹出"索引属性"对话框，如图 4-24 所示。"常规"页中列出了此索引的信息，可对其属性进行修改，修改后单击"确定"按钮，即可完成对索引属性的修改。如果出现双击或者右击菜单无法选择属性的情况，可以刷新数据库和数据表，以及重新打开 SSMS 进行尝试。

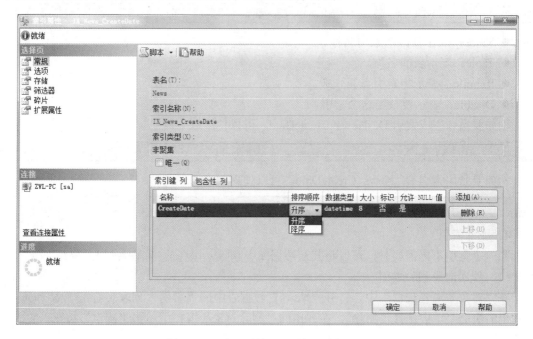

图 4-24 "索引属性"对话框"常规"页

步骤 3：若要修改索引所使用的列，可以单击"添加"按钮，弹出"选择列"对话框，如图 4-25 所示，选择要添加的列。对于添加到这个索引的列，可以在"列表"框中勾选列名前的复选框，然后单击"确定"按钮。

图 4-25 "选择列"对话框

（2）使用命令修改索引

除了使用图形管理界面的方式修改索引，SQL 语法提供了 ALTER INDEX 语句进行操作。其基本语法格式如下。

```
ALTER INDEX Name on Table Rebuild Disable
```

- Name：表示修改的索引名称。
- Table：表示表的名称。
- Rebuild：表示将索引重新生成。
- Disable：表示要禁用这个索引。

例如要重新生成索引 IX_News_CreateDate，可以使用以下语句。

```
ALTER INDEX IX_News_CreateDate on News Rebuild
```

例如要禁用索引 IX_News_CreateDate，可以使用如下语句。

```
ALTER INDEX IX_News_CreateDate on News Disable
```

4．删除索引

当一个索引不再需要时，可以将其从数据库中删除，以释放当前所占用的磁盘空间。

（1）使用向导删除索引

在"对象资源管理器"中，打开"News"数据表中的"索引"列表。右击"IX_News"，在弹出的快捷菜单中选择"删除"，在弹出的"删除对象"窗口中单击"确定"按钮，完成索引的删除。

（2）使用命令删除索引

除了以图形界面的方式删除索引，SQL 语法还提供了 DROP INDEX 语句进行删除索引操作。其基本语法格式如下：

DROP INDEX Name on Table

- Name：表示删除的索引名称。
- Table：表示表的名称。

对于本节要删除的索引，可以使用以下语句。

DROP INDEX IX_News_CreateDate on News

1．索引的功能

索引是对数据表中的一个或多个字段值进行排序所创建的一种分散的存储结构。通过恰当的索引可以快速地查找数据，定位数据物理位置，大大减少查询的执行时间。

2．索引的类型

索引的类型是指在 SQL Server 中存储索引和数据的物理位置的方式。在表中可以创建不同类型的索引。索引可以在一个列上创建，这称为简单索引；也可以在多个列上创建，这称为组合索引。列所在的环境以及列中的数据决定了所使用的索引类型。

在 SQL Server 中索引的类型有三种，即聚集索引、非聚集索引以及 XML 索引。下面介绍聚集索引和非聚集索引。

（1）聚集索引

聚集索引定义了数据在表中存储的物理顺序。如果在聚集索引中定义了不止一个列，数据将依次按照指定的顺序来存储各列数据。一个表只能定义一个聚集索引，这是因为它不可能采用两种不同的物理顺序来存储数据。

当数据插入时，聚集索引会和要插入的数据一起放在指定的位置，类似于在很多书中插入一本新书的情景。如果将聚集索引应用到一个会大量更新的列上，SQL Server 会频繁改变数据的物理位置，这样会过多地增加处理时间。

由于聚集索引中包含了数据本身，提取数据时需要进行的操作更少，所以也就更快。

（2）非聚集索引

非聚集索引并不存储数据本身。相反，非聚集索引只存储指向数据的指针，这些指针就是索引键的一部分。在一个表中可以存在多个非聚集索引。

非聚集索引可以与表分开保存。所以，在与表不同的文件组中创建非聚集索引，查询和提取数据时可以提高速度。但是索引越多，在更新数据时 SQL Server 进行索引修改所用的时间也就越长。

索引可以被定义为唯一的或非唯一的。唯一索引确保列中所保存的值在表中出现一次。SQL Server 会自动对带有唯一索引的列强制其唯一性。如果试图在列中插入已经存在的值，就会报错，操作就会失败。当 SQL Server 对唯一索引进行查找时，找到一个符合的数据之后就会停止搜索。

> **友情提醒**：创建索引要求用户对表拥有控制（Control）或修改（Alter）权限。创建索引后，索引将自动启动并可以使用。用户可以通过禁用索引来停止对索引的访问。聚集索引在一个数据表中只能有一个，非聚集索引可以有多个。

4.6 MTA 微软 MTA 认证考试样题 4

样题 4-1

Yan 已将他母亲的所有 CD 收集在一起，数量超出他的想象。他已经明确在他的数据表中所需的数据字段，以及每部分数据的最佳数据类型，因此他准备创建数据表。Yan 计划使用正确的 ANSI SQL 语法设置表，并且想在开始之前描述细节。

1. 正确的 ANSI SQL 语法是指一组这样的规则：
   a. 决定字段是否不能包含空值
   b. 确定所有数据字段的大小
   c. 控制语句的结构和内容
2. 用哪个 SQL 命令添加新表？
   a. CREATE TABLE table_name (column_name data type null/not null, column_name data type null/not null, and so on)
   b. ADD TABLE table_name (column_name data type null/not null, column_name data type null/not null, and so on)
   c. INSERT TABLE table_name (column_name data type null/not null, column_name data type null/not null, and so on)
3. 基于 Yan 已收集的信息，他可以用什么数据字段作为唯一键来访问表中的数据？
   a. 艺术家名字
   b. CD 标签名称
   c. 曲目名称

样题 4-2

Natasha 几乎已经完成 Epsilon Pi Tau 校友数据库的设计和设置。她正在确定是否需要采用索引，以便当社团领导计划各种活动，或需要与成员联系时，帮助他们检索数据。快速复习索引的目标和优点将帮助 Natasha 决定索引是否对该数据库有价值，以及是否值得花时间创建索引。

1. 因为人员统计表的主键是系统定义的数字，一个好的聚集索引应当基于什么？
   a. 姓氏
   b. 性别
   c. 名字
2. 非聚集索引的特征是什么？
   a. 包含实际数据页或记录
   b. 具有关键字和数据指针
   c. 包括外键

3. 下面哪个不是使用索引的结果？
a. 提高数据检索的速度
b. 增加存储需求
c. 提高写入记录的速度

本章小结

本章介绍了如何创建数据表以及如何创建和使用表的索引，在 SQL Server Management Studio 中可以使用图形方式和命令方式创建数据表。同时本章也对 SQL Server 中的数据类型、修改和删除表做出了系统介绍。本章的重点是数据库的创建、索引的创建和修改，以及表管理的相关操作。本章以数据表的操作为实例，系统全面地讲解了数据表的知识。通过本章的学习，掌握数据表的相关知识以及对数据表的操作。

课后习题

一、填空题

1. 数据库中的表由行和列组成，在数据库表中，行称为（　　），列称为（　　）。每个表允许定义（　　）个字段。
2. 在数据库中创建表的任务主要由两部分组成，分别是（　　）和（　　）。
3. 向数据表中添加字段时需要输入的两个必需的项目是（　　）和（　　）。
4. 完成创建数据表后，就要在表中添加数据，添加数据有两种方法：一种是使用图形管理界面直接输入数据；第二种是使用（　　）命令向数据表中插入数据。
5. 定义表时，在属性栏中指定字段的宽度，以及该列是否允许（　　）值。
6. 系统表 syscolumns 的功能包括记录表、（　　）和（　　）信息。
7. 最常用的三个数据类型即 int（　　）、nvarchar（　　）、datatime（日期时间型）。
8. 创建数据表用（　　）命令。
9. 创建索引要求用户对表拥有（　　）或（　　）权限。
10. 使用命令创建索引除了以图形的方式外，SQL 语法提供了（　　）语句进行创建。

二、选择题

1. 在数据表结构中，常用的字段 ID 是（　　）类型。
    A．浮点型　　　B．日期时间型　　　C．整型　　　D．字符型
2. 在表结构建立完毕时，表中的行就是一条数据记录。记录是具有一定意义的信息集合。（　　）就是记录的集合。
    A．表　　　B．字段　　　C．数据　　　D．类型
3. 在 SQL Server 2014 常用系统表中，系统表名 sysdatabases 表示（　　）。
    A．记录数据库信息　　　　　　　B．记录表、视图和存储过程信息
    C．记录系统错误和警告　　　　　D．记录登录账户信息
4. 系统表名 sysindexes 在常用系统表中表示（　　）。
    A．记录系统数据类型和用户定义数据类型信息

B. 列出全文目录集

C. 记录 FOREIGN KEY 约束定义到所引用列的映射

D. 记录数据库中的索引信息

5. 在创建表时常用参数的功能中，（   ）可以设置主键。

  A. Primary key   B. Not Null   C. Null   D. Indentity

6. 修改表 ALTER TABLE 命令的常用参数中，ADD 的作用是（   ）。

  A. 修改数据改表命令   B. 向数据表中添加列

  C. 向数据表中删除列   D. 删除数据表中的字段

7. 在下列中，（   ）不是 SQL Server 索引的类型。

  A. 即聚集索引   B. 聚集索引   C. 即 XML 索引   D. XML 索引

8. 非聚集索引并不存储数据本身，在一个表中可以存在（   ）非聚集索引。

  A. 一个   B. 多个   C. 1000 个   D. 以上都不对

9. 索引可以被定义为唯一的或非唯一的，唯一索引确保列中所保存的值在表中出现（   ）。

  A. 一次   B. 两次   C. 多次   D. 一次或多次

三、判断题

1. 建立表时先设定字段的名称和有关属性。（   ）

2. 在数据库目录树中，在"表"的节点上右击"新建表"，开始创建新表。（   ）

3. 每一个表中都有一个具有唯一值的字段，例如，学号字段，不允许有两个完全相同的学号，这个字段称为主键。（   ）

4. 一般数据表中都有一个字段，为每行数据的序号，在实际使用时多将该字段设置为自动编号，系统将根据数据记录的多少自动添加其值。（   ）

5. 修改字段长度主要是针对字段类型长度值的修改，只要对其长度值进行修改即可。（   ）

6. 增加列是在已有的数据表中增加一个新的字段。（   ）

7. 删除列是将数据表中的某一字段删除，注意删除某一列时，所属此列的全部数据都将被删除。（   ）

8. Alter table 允许添加列，但不允许删除或更改参与架构绑定视图表中的列。（   ）

9. 名称的前缀为 IX 是因为 SQL Server 使用了一种规范命名系统。（   ）

10. 索引的类型是指在 SQL Server 中存储索引和数据的物理位置的方式。（   ）

四、应用题

1. 什么是表？

2. 简述将 News 数据表中添加的 Numbers 字段删除的过程。

3. 建立表，同时将 ID 字段设置为自动增长，写出代码。

4. 在数据库中，建立表时先设定字段的名称和有关属性，写出具体操作过程。

第 5 章 查询操作

内容摘要

所谓查询,就是对已经存在于数据库中的数据按特定的组合、条件或次序进行检索。即用 SELECT 语句从 SQL Server 2014 中检索数据,然后以一个或多个结果集的形式将其返给用户。结果集是对来自 SELECT 语句的数据的表格排列,由行和列组成。

查询功能是数据库最基本也是最重要的功能,希望认真学习并熟练掌握。

本章要点

1. 熟练掌握基本查询语句的使用方法。
2. 熟练掌握条件查询的基本操作。
3. 熟练掌握统计查询、分组查询和排序查询的正确用法。
4. 掌握简单的连接查询和嵌套查询。

5.1 任务一 使用简单查询

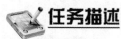

任务名称：使用简单查询。

任务描述：查询顾名思义就是从已知的数据库表中查询所需要的数据内容。学习依据渐进性原则，以 OASystem 实例数据库为例，进行简单的数据查询。

本任务介绍如何返回用户的基本数据，以及一些基本查询语法。

1．简要分析

SQL 中的查询命令是非常重要的，命令单词为 SELECT。通常 SELECT 和 FROM 搭配使用，也可在不同位置增加一些短语，以实现功能更强的查询。这里，先不涉及其他的短语，只介绍最简单的查询语句 SELECT 的使用。

2．实现步骤

1）返回表中所有数据。

2）TOP N 返回表中前几条数据。

3）返回表中的某一列。

4）给列起名。

步骤 1：单击"新建查询"进入查询分析器，并将 OASystem 数据库设置为当前默认库。输入查询命令，然后执行，查看结果，即得到部门表中的记录信息，如图 5-1 所示。

图 5-1 查询部门表中的所有信息

步骤 2：在输入查询命令时，在"*"前面加 top2，然后执行，查看结果，则得到部门表中前两条记录信息，如图 5-2 所示。

图 5-2　查询部门表中前两条记录信息

步骤 3：在输入查询命令时，若只想看一下部门名称，则输入 select Name from Department，结果如图 5-3 所示。

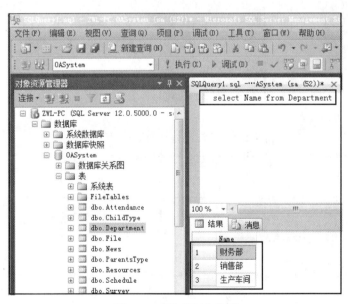

图 5-3　查询部门名称列

步骤 4：在输入查询命令时，给列起个名字，使查询结果更直观。在步骤 2 基础上增加 as 部门名称，结果如图 5-4 所示。

图 5-4　给查询的部门名称起列名

在 SQL Server 中，对数据的查询使用 SELECT 语句。SELECT 语句功能强大，使用灵活，可以对数据库进行各类查询。查询语句的语法结构如下：

> SELECT <列名列表> FROM <表名或视图名列表>
> [WHERE <条件>]
> [ORDER BY <列名列表>[ASC|DESC]]
> [GROUP BY <列名>[HAVING <条件>]]

有关说明如下。
- SELECT 语句用于指定查询的输出列，即字段列表。
- WHERE 子句用于指定记录有条件的查询。
- FROM 子句指定从哪里查。
- ORDER BY 短语是指将查询的结果进行排序。
- GROUP BY 短语是指将查询的结果进行分组汇总。

1．简单查询

> Select [DISTINCT]<列名列表> from 表名

功能：从指定的表中查询记录信息。
说明如下：
1）如果查询所有的列，则列名列表由"*"代替。
2）如果指明查询指定的某一列或某几列，则列名之间用","号隔开。
3）DISTINCT 表示去掉重复的记录。

2．TOP N 语句基本语法

前面介绍的方法可以分别获得表的全部信息或单独获取某个列的信息，使用 SELECT 还可以指定表中返回的行数，使用方法如下所示（SELECT 大小写均可）。

> select [TOP N]<列名列表> from 表名

TOP N 用于指定查询结果返回的行数。

3．给列起别名

如果查询的列不是来自于源数据表中的字段，而是表达式或函数时，SQL 默认无列名，为了让列名更加清晰，常给列起别名。

> select 列名 as 新名 from 表名

4．操作举例

【操作实例 5-1】 查询档案表 File 中记录的所有信息。新建查询编辑器，输入如下代码：

> use OASystem　　　　　　　　　　　　　　--打开 OASystem 数据库
> select * from [File]　　　　　　　　　　--查询所有的列

结果如图 5-5 所示。

图 5-5　实例 5-1 运行结果

【操作实例 5-2】 查询档案表 File 中记录的姓名、性别和职称列。新建查询编辑器，输入如下代码：

> use OASystem　　　　　　　　　　　　　　--打开 OASystem 数据库
> select Name,Sex,Duty from [File]　　　 --查询指定的列

结果如图 5-6 所示。

【操作实例 5-3】 查询档案表 File 中职称有几种。新建查询编辑器，输入如下代码：

> use OASystem　　　　　　　　　　　　　　--打开 OASystem 数据库
> select distinct Dutyfrom [File]　　　　--查询职称

结果如图 5-7 所示。

图 5-6　实例 5-2 运行结果　　　　图 5-7　实例 5-3 运行结果

【操作实例 5-4】 查询档案表 File 中前三条记录的姓名信息。新建查询编辑器，输入如下代码：

```
use OASystem                                              --打开 OASystem 数据库
select top 3 Name from [File]                             --查询前三条记录
```

结果如图 5-8 所示。

【操作实例 5-5】 查询档案表 File 中职工姓名、性别和职称，并分别取适当的名字。新建查询编辑器，输入如下代码：

```
use OASystem                                              --打开 OASystem 数据库
select Name as 姓名,Sex as 性别,Duty as 职称 from [File]    --将查询的列起名
```

结果如图 5-9 所示。

图 5-8 实例 5-4 运行结果　　　　图 5-9 实例 5-5 运行结果

友情提醒：在 select 查询语句中，不区分大小写。但是在书写上一定要注意规范，且所有的标点符号必须是英文符号。

5.2 任务二 使用条件查询

 任务描述

任务名称：使用条件查询。

任务描述：在 OASystem 数据库中，有时需要查询满足各项条件的记录，即条件查询。条件怎么写、怎么用，下面以 OASystem 实例数据库为例进行条件查询，体会条件查询的基本用法。

1．简单分析

WHERE 子句确定了查询的条件。在 SELECT 查询中加入 WHERE <条件>，可以实现各项满足条件的查询结果。

2．实现步骤

查询条件表达式的运算符多种多样，下面介绍常用的几种类型：

1）比较运算符。

2）范围运算符。

3）列表运算符。

4）模糊匹配运算符。

**任务实现**

步骤 1：单击"新建查询"进入查询分析器，并将 OASystem 数据库设置为当前默认库。在查询编辑器中输入图中查询代码，单击"执行"，结果如图 5-10 所示。

图 5-10　查询"李晓玉"的职称

步骤 2：单击"新建查询"进入查询分析器，并将 OASystem 数据库设置为当前默认库。在查询编辑器中输入图中查询代码，单击"执行"，结果如图 5-11 所示。

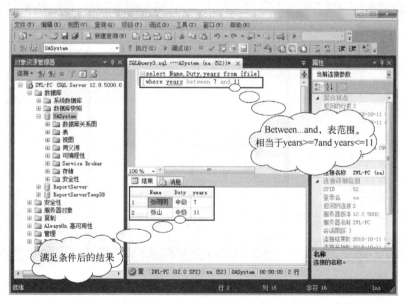

图 5-11　查询工作年限为 7~11 年之间的职工姓名、职称、工作年限

步骤3：单击"新建查询"进入查询分析器，并将OASystem数据库设置为当前默认库。在查询编辑器中输入图中查询代码，单击"执行"，结果如图5-12所示。

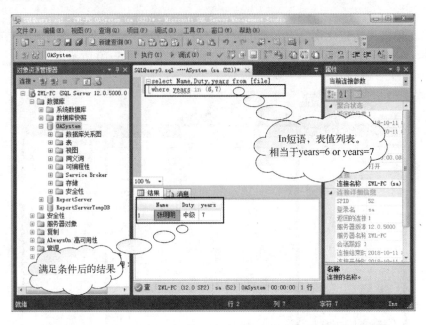

图5-12　查询工作年限为6和7年的职工姓名、职称、工作年限

步骤4：单击"新建查询"进入查询分析器，并将OASystem数据库设置为当前默认库。在查询编辑器中输入图中查询代码，单击"执行"，结果如图5-13所示。

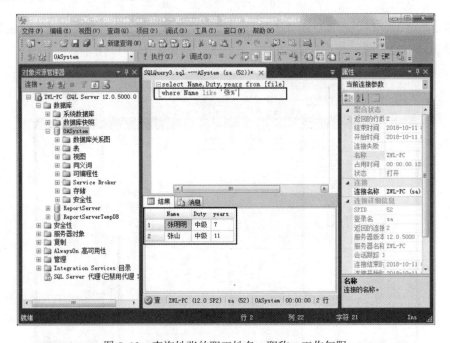

图5-13　查询姓张的职工姓名、职称、工作年限

相关知识

1. WHERE 子句概述

WHERE 子句被用于选取需要检索的数据行,灵活地使用 WHERE 子句能够指定许多不同的查询条件,以实现更精确的查询。如精确查询数据库中某条语句的某项数据值,则需在 WHERE 子句中使用表达式。

在 SELECT 查询语句中使用 WHERE 子句时的一般语法结构为:

> select …from… where <条件>

说明如下:

此项功能是查询条件值为 TRUE 的所有行,而对于条件值为 FALSE 或者未知的行,则不返回。WHERE 子句使用灵活,条件有多种使用方式,表 5-1 列出了 WHERE 子句中可以使用的条件。

表 5-1 WHERE 子句中使用的比较条件

运算符分类	运 算 符	说 明
比较运算符	>、>=、=、<、<=、<>、!=、!>、!<	比较大小(!>、!< 表示不大于和不小于)
范围运算符	BETWEEN…AND、NOT BETWEEN…AND	判断列值是否在指定的范围内
列表运算符	IN、NOT IN	判断列值是否是列表中的指定值
模糊匹配符	LIKE、NOT LIKE	判断列值是否与指定的字符通配格式相符
逻辑运算符	AND、OR、NOT	用于多个条件的逻辑连接
空值判断符	IS NULL、NOT NULL	判断列值是否为空

针对表 5-1 列举的查询使用,下面分别介绍它们在 WHERE 子句中的使用方法及其注意事项。

2. 比较运算符

WHERE 子句的比较运算符主要有>、>=、=、<、<=、<>、!=、!>、!<,分别表示大于、大于等于、等于、小于、小于等于、不等于、不等于、不大于、不小于,使用它们对查询条件进行限制。

> **友情提醒**:在条件使用时,通常以字段变量与指定的值进行比较。值要与字段变量类型匹配,否则出错。即字符型数据要用单引号引起,数值型数据则不用。

3. 范围运算符

在 WHERE 子句中使用 BETWEEN 条件,可以为用户查询限定范围,其中 BETWEEN 表示返回在某一范围内的数据,而 NOT BETWEEN 表示返回不在某一范围内的数据。BETWEEN…AND…表示在…和…之间,包括两个端点的值。

4. 列表运算符

查询时会遇到需要查询某表达式的取值属于某一列表的数据,虽然可以结合使用比较运算符来实现,但是这样编写的 SELECT 语句会使 SELECT 语句的直观性下降。使用 IN 或 NOT

95

IN 关键字来限定查询条件，更能直观地查询表达式是否在列表值中，也可作为查询特殊信息集合的方法。在 IN（值列表）中，也要注意值与条件中字段的类型要匹配。

5．模糊匹配符

查询时，可能无法确定某条记录中具体的信息，如果要查找该记录则需要使用模糊查询。WHERE 子句中使用 LIKE 或 NOT LIKE 与通配符搭配使用，可以实现模糊查询。SQL 中常用的通配符有"%"和"_"2 个，二者含义不同，注意区别使用。

1）"%"表示任意个字符。

2）"_"表示任意的一个字符。

6．逻辑运算符

1）WHERE 子句中可用的逻辑运算符包括 AND、OR、NOT。可以用一个，也可以用多个。

2）AND（逻辑与）连接两个条件，若两个条件都成立，则组合起来后的条件成立。

3）OR（逻辑或）连接两个条件，若两个条件中任意一个成立，则组合起来后的条件成立。

4）NOT (逻辑非) 对给定的条件结果取反。

7．空值判断符

NULL 表示未知、不可用或将在以后添加数据。在 WHERE 子句中可以使用 IS NULL 或 IS NOT NULL 条件查询某一数据值是否为 NULL。

【操作实例 5-6】 查询档案表 File 中的中级职称的人员姓名。新建查询编辑器，输入如下代码：

```
use OASystem                                              --打开 OASystem 数据库
select Name from [File] where Duty='中级'                 --查询满足条件的列
```

结果如图 5-14 所示。

【操作实例 5-7】 查询档案表 File 中的中级职称的男性职工姓名。新建查询编辑器，输入如下代码：

```
use OASystem                                              --打开 OASystem 数据库
select Name from [File] where Duty='中级' and Sex='男'    --查询满足条件的列
```

结果如图 5-15 所示。

【操作实例 5-8】 查询档案表 File 中非男性的职工姓名。新建查询编辑器，输入如下代码：

```
use OASystem                                              --打开 OASystem 数据库
select Name from [File] where not Sex='男'                --查询满足条件的列
```

结果如图 5-16 所示。

【操作实例 5-9】 在上述操作中查询档案表 File 中非男性的职工姓名，也可以这样操作，同样会得到相同的结果。

```
use OASystem                                              --打开 OASystem 数据库
select Name from [File] where Sex='女'                    --查询满足条件的列
```

列名 in(值 1，值 2) 相当于 列名=值 1 or 列名=值 2。列名 between …and …可以用逻辑表达式改写，not between…and…也是如此。

图 5-14　实例 5-6 运行结果　　　图 5-15　实例 5-7 运行结果　　　图 5-16　实例 5-8 运行结果

友情提醒：通常一个条件查询可以有多种查询条件的方法，在学习中要善于归纳总结，才能做到要什么，就能查什么；查什么，就能得到什么。运算符的优先级由高到低分别为 NOT、AND、OR。NULL 值与零、零长度的字符串或空白（空白符）的含义是不同的。

5.3　任务三　使用统计查询

任务名称：使用统计查询。

任务描述：在 OASystem 数据库中，有时需要对相关数据进行统计，如统计有多少用户在办公系统上注册、统计员工平均工作年限等。

本任务将学习查询中常用到的一些聚合函数，实现数据统计。

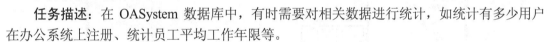

1．简要分析

聚合函数常用于 SELECT 语句中，位于列的位置，实现对指定的字段求和、求平均值、求最大最小值、计数等操作。

2．实现步骤

1）COUNT 实现计数。

2）AVG 实现求平均值。

3）MAX, MIN 实现求最大值、最小值。

4）SUM 实现求和。

步骤 1：单击"新建查询"进入查询分析器，并将 OASystem 数据库设置为当前默认库。在查询编辑器中输入图中查询代码，单击"执行"，结果如图 5-17 所示。

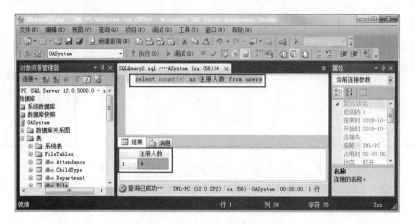

图 5-17 统计用户表记录的个数

步骤 2：单击"新建查询"进入查询分析器，并将 OASystem 数据库设置为当前默认库。在查询编辑器中输入图中查询代码，单击"执行"，结果如图 5-18 所示。

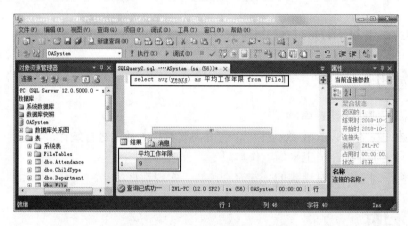

图 5-18 统计员工的平均工作年限

步骤 3：单击"新建查询"进入查询分析器，并将 OASystem 数据库设置为当前默认库。在查询编辑器中输入图中查询代码，单击"执行"，结果如图 5-19 所示。

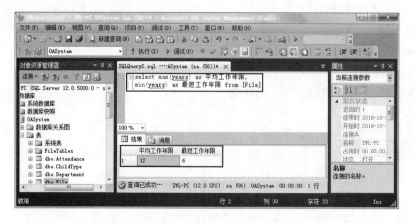

图 5-19 统计员工的最长工作年限及最短工作年限

步骤4：单击"新建查询"进入查询分析器，并将OASystem数据库设置为当前默认库。在查询编辑器中输入图中查询代码，单击"执行"，结果如图5-20所示。

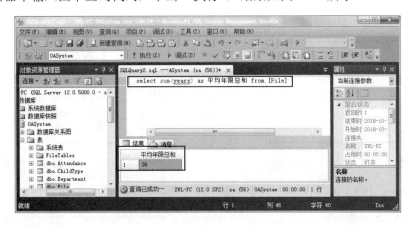

图 5-20　统计员工的工作年限总和

1．函数查询

在SELECT …FROM…命令中，在SELECT后面可以接所查表中字段的列，可以是表达式，也可以是函数（包括一般函数和聚合函数）。此时通常用到 as 新列名，即给查询的列起名，以使查询的结果更直观。

2．表达式构造新的列

用SELECT语句可以对数值型字段进行加减、乘除运算，从而计算表达式的值。

3．普通函数构造新的列

在查询中最常用的两个函数，一个是YEAR()，求日期型字段中的年份，结果是一个数值型数据；另一个是GETDATE()，取系统的日期时间。

4．聚合函数构造新的列

SELECT 中常用的聚合函数有 SUM、AVG、MAX、MIN、COUNT。其含义如下。

SUM(列名)	按列求和
AVG(列名)	按列求平均值
MAX(列名)	按列求最大值
MIN(列名)	按列求最小值
COUNT(*)	统计记录个数

【操作实例 5-10】 查询五年后每个人的工龄（工作年限），查看其结果。新建查询编辑器，输入如下代码：

use OASystem	--打开 OASystem 数据库
select Name,years+5　from [File]	--查询五年后每个人的工作年限

结果如图 5-21 所示。

【操作实例 5-11】 查询档案表 File 中每个人的出生年份。新建查询编辑器，输入如下代码：

```
use OASystem                                          --打开 OASystem 数据库
select Name,year(birthday) as 出生年份 from [File]     --查询满足条件的列
```

结果如图 5-22 所示。

结果 | 消息

	Name	(无列名)
1	李晓玉	11
2	张明明	12
3	王静	17
4	张山	16

图 5-21　实例 5-10 运行结果

结果 | 消息

	Name	出生年份
1	李晓玉	1985
2	张明明	1982
3	王静	1970
4	张山	1974

图 5-22　实例 5-11 运行结果

【操作实例 5-12】 查询档案表 File 中职工的年龄。新建查询编辑器，输入如下代码：

```
use OASystem                                                         --打开 OASystem 数据库
select Name,year(getdate())-year(birthday) as 年龄 from [File]        --查询满足条件的列
```

结果如图 5-23 所示。

【操作实例 5-13】 查询档案表 File 中员工平均年龄、最大年龄、最小年龄及年龄总和。新建查询编辑器，输入如下代码：

```
use OASystem                                                  --打开 OASystem 数据库
select avg(year(getdate())-year(birthday)) as 平均年龄,
max(year(getdate())-year(birthday)) as 最大年龄,
min(year(getdate())-year(birthday)) as 最小年龄,
sum(year(getdate())-year(birthday)) as 年龄总和 from [File] --查询满足条件的列
```

结果如图 5-24 所示。

【操作实例 5-14】 统计男性职工人数。新建查询编辑器，输入如下代码：

```
use OASystem                                                --打开 OASystem 数据库
select count(*) as 男职工人数 from [File] where Sex='男'    --查询满足条件的列
```

结果如图 5-25 所示。

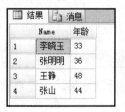

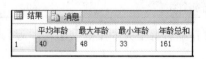

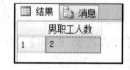

结果 | 消息

	Name	年龄
1	李晓玉	33
2	张明明	36
3	王静	48
4	张山	44

图 5-23　实例 5-12 运行结果

结果 | 消息

	平均年龄	最大年龄	最小年龄	年龄总和
1	40	48	33	161

图 5-24　实例 5-13 运行结果

结果 | 消息

	男职工人数
1	2

图 5-25　实例 5-14 运行结果

友情提醒： 无论使用表达式还是函数，得到的只是查询的结果列，并不是数据表中真有此列。为了让查询的结果更直观，常常给列起个见名知义的名称。

5.4 任务四 使用分组查询

 任务描述

任务名称：使用分组查询。
任务描述：目前为止，在 OASystem 数据库中，我们学会了简单统计数据表中的数据。如果要进行更高级的统计汇总操作，则需要用到 GROUP BY 子句。

 任务分析

1．简单分析
数据库具有基于表的特定列对数据进行分析的能力，可以使用 GROUP BY 子句对某一列数据的值进行分组，分组可以使同组的元组集中在一起，用于归纳信息类型，以汇总相关数据。

2．实现步骤
GROUP BY 子句语句经常出现在 SELECT 语句中，将查询的结果进行分组，通常与一些聚合函数配合使用。一般用法为：
1）GROUP BY 字段名。
2）GROUP BY 字段名 HAVING <条件>。

 任务实现

步骤 1：单击"新建查询"进入查询分析器，并将 OASystem 数据库设置为当前默认库。在查询编辑器中输入图中查询代码，单击"执行"，结果如图 5-26 所示。

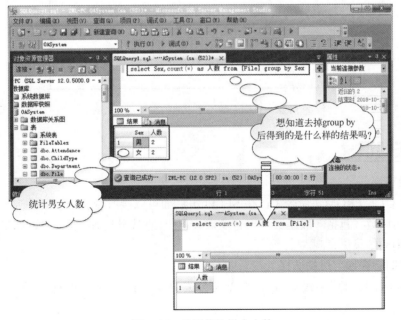

图 5-26 分别统计男女人数

步骤 2：单击"新建查询"进入查询分析器，并将 OASystem 数据库设置为当前默认库。在查询编辑器中输入图中查询代码，以实现统计各职称的人员统计。单击"执行"，结果如图 5-27 所示。

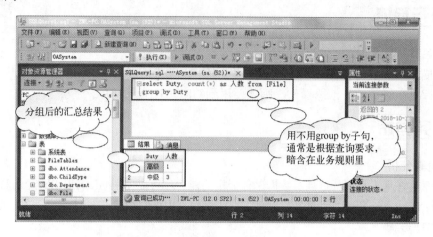

图 5-27　分别查询不同职称的人数

步骤 3：如果将分组后满足条件的结果输出，则用上 HAVING<条件>，即将分组后满足条件的记录显示出来。在查询编辑器中输入图中查询代码，以实现将统计后满足条件的记录输出。结果如图 5-28 所示。

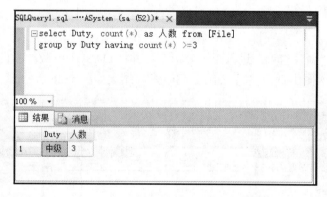

图 5-28　查询人数不小于 3 的职称及其人数

1．分组查询

在 SELECT …FROM…命令中，在 SELECT 后面可以接所查表中字段的列。可以是表达式，也可以是函数（包括一般函数和聚合函数）。此时通常用到 as 新列名，即给查询的列起名，以使查询的结果更直观。

2．分组时，查询字段的选择

分组时，查询的列字段只能是聚合函数或分组字段。如若出现其他字段，则系统报错。

3. HAVING<条件>与 WHERE<条件>的不同之处

WHERE<条件>表示条件，HAVING<条件>也是表示条件，但二者是有区别的。WHERE 用于 SELECT 语句中，表示查询要满足的条件，用法参考前面章节；HAVING<条件>只能与 GROUP BY 分组配合使用，表示将分组后将满足条件的记录输出。

4. 分组的注意事项

按字段分组，即对该字段值相同的记录只取一条，同时汇总其他记录的数据。因此，在 GROUP BY 分组使用时，有一定难度，需要认真分析业务规则，仔细理解后方能使用。

5. 操作实例

【操作实例 5-15】查询每个部门人员数，并查看其结果。新建查询编辑器，输入如下代码：

```
use OASystem                                              --打开 OASystem 数据库
select count(*) as 人数 from [File] group by Departid     --按部门号分组统计人数
```

结果如图 5-29 所示。

【操作实例 5-16】上例中查询每个部门人员数，若要显示结果更直观些（显示出部门号），则可加分组字段列，新建查询编辑器，输入如下代码：

```
use OASystem                                                          --打开 OASystem 数据库
select Departid,count(*) as 人数 from [File]group by Departid         --按部门号分组统计人数
```

结果如图 5-30 所示。

图 5-29　实例 5-15 运行结果 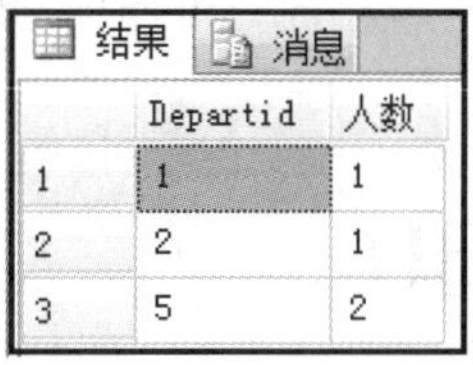　　　　　图 5-30　实例 5-16 运行结果

【操作实例 5-17】在上例中查询每个部门人员数，虽然显示出了部门号，但没有显示每个部门号都代表哪个部门，若想得到更加直观的结果，则还需用到部门表，即连接查询可实现。我们将在任务六中详细学习连接查询。不妨先给出操作，供自学体会。

```
use OASystem                                                          --打开 OASystem 数据库
select Department.Name as 部门名,count(*)as 人数 from Department,[File] where Department.Departid=[File].Departid group by Department.Name
    --实现了两表连接并分组查询
```

执行结果如图 5-31 所示。

> **友情提醒**：在分组查询时，是否使用 GROUP BY 分组子句在实际查询分析上有一定的难度，读者应在认真理解业务规则的基础上理解其含义，并上机调试、实验，才能真正得到自己想要的结果。

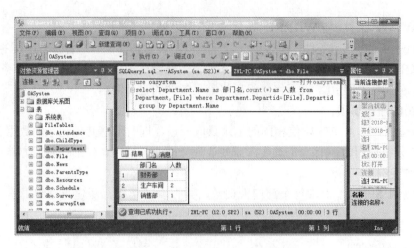

图 5-31　实例 5-17 运行结果

5.5　任务五　使用排序查询

任务名称：使用排序查询。

任务描述：在 OASystem 数据库中，为了方便查看数据库表中的记录，需要对某些字段或某几个字段进行排序，可使用 ORDER BY 子句，如果需要将结果保存到另一张表，可使用 INTO 短语。

1．简单分析

ORDER BY 子句一般位于 SELECT 语句的最后，它的功能是对查询返回的数据进行重新排序。用户可以通过 ORDER BY 子句来限定查询返回结果的输出顺序，如正序或者倒序等。

2．实现步骤

ORDER BY 子句语句通常用于 SELECT 语句中，将查询的结果进行排序。INTO 短语可以将排序后的结果保存到一张新表中。

1）ORDER BY 字段名。

2）ORDER BY 字段名 1,字段名 2。

3）INTO 表名。

步骤 1：单击"新建查询"进入查询分析器，并将 OASystem 数据库设置为当前默认库。在查询编辑器中输入图中查询代码，单击"执行"，结果如图 5-32 所示。

图 5-32　查询档案表的相关信息，结果按职称降序排列

步骤 2：单击"新建查询"进入查询分析器，并将 OASystem 数据库设置为当前默认库。在查询编辑器中输入图中查询代码。单击"执行"，结果如图 5-33 所示。

图 5-33　查询档案表的相关信息，结果按职称和生日排列

步骤 3：单击"新建查询"进入查询分析器，并将 OASystem 数据库设置为当前默认库。在查询编辑器中输入图中查询代码，以实现统计各职称的人员统计。单击"执行"，结果如图 5-34 所示。

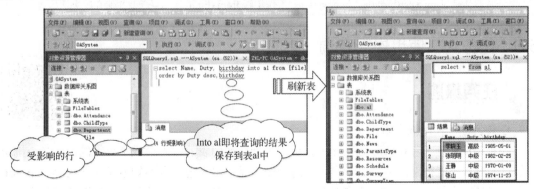

图 5-34　将步骤 2 中查询的结果保存到表 a1 中

105

 **相关知识**

1. 使用 ORDER BY 子句

在查询结果集中，记录的顺序是按它们在表中的顺序进行排列的，可以使用 ORDER BY 子句对查询的结果重新进行排序。可以规定顺序，如升序（即按由低到高或从小到大，使用关键字 ASC）、降序（即按由高到低或由大到小，使用关键字 DESC），如果省略 ASC 和 DESC，系统默认升序。也可以在 ORDER BY 中指定多个字段，检索结果首先按第一个字段进行排序，对于第一个字段的值相同的那些数据，则按第二个字段值排序，以此类推。ORDER BY 子句要写在 WHERE<条件>子句的后面。

2. 使用 INTO 子句

在 SELECT 查询中，使用 INTO 短语可以将查询的结果保存到指定的表中，位置要在 FROM 之前、查询的列之后。

格式：INTO 表名（根据查询建立临时基本表）。

使用 INTO 注意事项：

1）新表是命令执行时新创建的。

2）新表中的列和行是基于查询结果集的。

【操作实例 5-18】 查询档案表 File 记录，并将结果按性别排序，查看其结果。新建查询编辑器，输入如下代码：

```
use OASystem                              --打开 OASystem 数据库
select * from [File] order by sex         --查询内容并排序
```

【操作实例 5-19】 查询部门表 Department 信息，并将结果按部门名称降序排列。新建查询编辑器，输入如下代码：

```
use OASystem                                          --打开 OASystem 数据库
select * from Department order by Name desc           --查询内容并排序
```

【操作实例 5-20】 查询档案表 File 中职工的姓名、工作年限，并将结果保存到表 work 中。新建查询编辑器，输入如下代码：

```
use OASystem                                                        --打开 OASystem 数据库
select Name,year(birthday) into work as 工作年限 from [File]         --查询并保存结果
```

5.6 任务六 使用嵌套查询

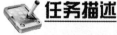 **任务描述**

任务名称：使用嵌套查询。

任务描述：在 OASystem 数据库中，员工表调用部门表的编号形成了外键约束，当查询员工信息的时候不能把部门编号显示出来，这个编号显示出来用户也不知道是什么内容，不知道这个员工是什么部门的，这时就需把部门的名称显示出来，上述问题用嵌套查询就能解决。

1. 简单分析

嵌套查询是一种高级查询技术，即在一个 SELECT 语句中，可嵌套着另外的子查询，这种方式就是嵌套查询。在实际应用中，嵌套查询能够帮助用户从多个表中完成查询任务。

2. 实现步骤

嵌套查询可以把一个复杂的查询分解成几个简单的查询来完成结果的输出。

1）先执行内层查询。

2）再执行外层查询。

例如，要查询"生产车间"这个部门的人员相关信息，可以从下面两个方面分析：

1）在部门表中查询，获得生产车间的部门编号。

```
select Departid from Department where Name='生产生间'
```

2）在档案中查询满足指定部门编号的人员的相关信息。

```
select Name from [File] where Departid= 5
```

即可获得我们想要的查询结果。

步骤1：单击"新建查询"进入查询分析器，并将 OASystem 数据库设置为当前默认库。在查询编辑器中输入图中查询代码，单击"执行"，结果如图 5-35 所示。

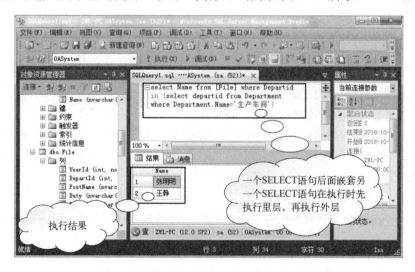

图 5-35　查询部门为生产车间的员工的姓名

相关知识

1．嵌套查询

嵌套查询也可以称为子查询，当查询的内容来自多张表，而且多张表之间有一定的联系时，就可以考虑是否能用嵌套查询（子查询）来解决问题。子查询中可以最多嵌套32层子查询。子查询分为以下几种类型。

（1）用于关联数据

如上例中用短语 IN 将多个查询关联起来。也可以用 EXISTS、ANY 、ALL 等谓词来关联。

（2）用于派生表

可以用子查询产生一个派生的表，用于代替 FROM 子句中的表。派生表是 FROM 子句中子查询的一个特殊用法，用一个别名或用户自定义的名字来引用这个派生表。FROM 子句中的子查询将返回一个结果集，这个结果集所形成的表将被外层 SELECT 语句使用。

（3）用于表达式

在查询中，所有使用表达式的地方，都可以用子查询代替。此时子查询必须返回一个单个的值或某一个字段的值。子查询可以返回一系列的值来代替出现在 WHERE 子句中的 IN 关键字的表达式。

（4）使用子查询向表中添加多条记录

使用 INSERT…SELECT 语句可以一次向表中添加多条记录。语法格式如下：

> INSERT 表名[(字段列表)]
> SELECT 字段列表 FROM 表名 WHERE 条件表达式

功能：该语句将 SELECT 子句从一个或多个表或视图中选取的数据，一次性添加到目的列表中，可以一次添加多条记录，并且可以选择添加列。

2．嵌套查询的注意事项

当用嵌套查询产生派生表时，必须考虑到：

1）查询语句中的一个结果集，被用作一个表。

2）代替了 FROM 子句中的表。

3）将与查询的其他部分一起参与优化。

当使用嵌套查询向表中添加记录时，必须注意：

1）SELECT 子句的列名列表必须与 INSERT 语句的列名列表的列数、列序、列的数据类型都要兼容。

2）SELECT 语句不能用小括号括起。

3．什么情况下使用嵌套查询

嵌套查询一般用于当查询的内容来自多表时，且多张表有代表意义上相同的字段内容的情况。

> 友情提醒：在嵌套查询中，能用 IN 子句的关联子查询，都可以将其等价为连接查询。不管哪种方式，查询的结果都是一样的。

4. 操作举例

以下实例以学生信息系统中的数据库 stupersoninfor 进行设计，其数据库包含以下内容：

> 课程表 kecheng(课程号，课程名，任课教师)
> 成绩表 chengji（学号，课程号，成绩）
> 学生信息表 stuinfor（学号，姓名，性别，年龄，专业，班级）

【操作实例 5-21】 查询选修 c1 课程的学生信息。新建查询编辑器，输入如下代码：

> use stupersoninfor
> select * from stuinfor where 学号
> in (select 学号 from chengji where 课程号='c1')

【操作实例 5-22】 查询选修成绩为 90 分以上的学生姓名。新建查询编辑器，输入如下代码：

> use stupersoninfor
> select 姓名 from stuinfor where 学号 in (select 学号 from chengji where 成绩>=90)

【操作实例 5-23】 查询有选课的学生的姓名、学号、专业和班级。新建查询编辑器，输入如下代码：

> use stupersoninfor
> select 姓名,学号,专业,班级 from stuinfor
> where exists (select 学号=chengji.学号 from chengji)

【操作实例 5-24】 查询学生的姓名、选课课程号、成绩。其中学生的姓名由学生信息表派生而来。新建查询编辑器，输入如下代码：

> use stupersoninfor
> select 课程号,成绩,(select 姓名 from stuinfor ab where 学号=chengji.学号)
> from chengji

【操作实例 5-25】 创建一个表 ss，其中有字段学号和姓名，将学生信息表的学号和姓名字段存到表 ss 中。新建查询编辑器，输入如下代码：

> use stupersoninfor
> create table ss (学号 nchar(10),姓名 nchar(10))
> insert into ss select 学号,姓名 from stuinfor

【操作实例 5-26】 查询每个学生的年龄及与平均年龄的差值。新建查询编辑器，输入如下代码：

> use stupersoninfor
> select 年龄,(select avg(年龄) from stuinfor) as 平均年龄,
> 年龄-(select avg(年龄) from stuinfor) as 差龄
> from stuinfor

5.7 任务七 使用连接查询

 任务描述

任务名称：使用连接查询。

任务描述：返回员工基本信息时需要返回部门名称，这样用户能更好地读取数据，这时不但可以用嵌套查询实现，也可以用内连接、一般性连接来完成。

 任务分析

1．简单分析

内连接是 SQL Server 默认的连接方式。内连接通过比较两个表共同拥有的列的值，把两个表连接起来返回满足条件的行。仅当一个表中的一些行在另一个表中也有相应行时，内连接才会返回两个表中任意一个表中的这些行，并会忽略所有未满足连接条件的行。

一般性连接，连接的原理同内连接相同，只是命令格式稍有不同，一般性连接是用 WHERE 指明连接条件，内连接是用 ON 指明连接条件。相比而言，一般性连接使用更简单、更灵活一些。

2．实现步骤

1）实现内连接。

2）实现一般性连接。

 任务实现

步骤 1：单击"新建查询"进入查询分析器，并将 OASystem 数据库设置为当前默认库。在查询编辑器中输入图中查询代码，单击"执行"，结果如图 5-36 所示。

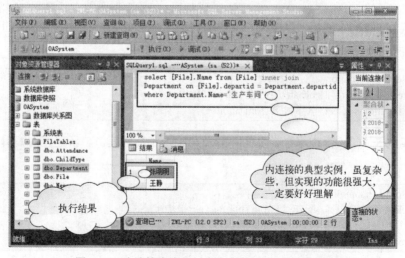

图 5-36 内连接查询部门为生产车间的人员的姓名

步骤 2：单击"新建查询"进入查询分析器，并将 OASystem 数据库设置为当前默认库。在查询编辑器中输入图中查询代码，单击"执行"，结果如图 5-37 所示。

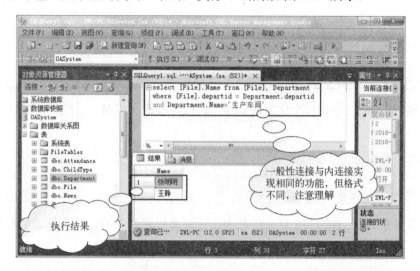

图 5-37　一般性连接查询部门为生产车间的人员的姓名

1．内连接的基本语法

SELECT 列名列表 FROM 表名 1 [INNER] JOIN 表名 2 ON 表名 1.列名=表名 2.列名

说明如下：
1）列名列表必须是表名 1 中含有的字段。
2）如果查询中还有其他条件，则使用 WHERE<条件>子句。

2．一般性连接的基本语法

SELECT 列名列表 FROM 表名 1, 表名 2 WHERE 表名 1.列名=表名 2.列名

说明如下：
1）列名列表可以是两张表中任意的字段。
2）如果查询中还有其他条件，则写在原 WHERE<连接条件>后，用 and 连接。

3．二者异同

内连接和一般性连接都是只包含满足连接条件的数据行，也称自然连接，这是二者的相同点。不同点主要有：

1）连接条件写法不同。内连接的连接条件表达式用 ON 连接；一般性连接用 WHERE 指定连接条件。

2）表名写的位置不同。内连接中第一个 FROM 后面只能跟一张表，即要查询的字段存在的那张表。一般性连接 FROM 后面可以跟多张表，之间用","隔开。

4．操作实例

【操作实例 5-27】 查询每个学生的姓名、年龄、选课课程号及成绩。新建查询编辑器，输入如下代码：

```
use stupersoninfor
select 姓名,年龄,课程号,成绩 from stuinfor,chengji
where stuinfor.学号=chengji.学号
```

【操作实例 5-28】 查询每个学生的学号、选课课程名及成绩。新建查询编辑器，输入如下代码：

```
use stupersoninfor
select 学号,课程名,成绩 from kecheng,chengji
where kecheng.课程号=chengji.课程号
```

【操作实例 5-29】 查询每个学生的姓名、选课课程名及成绩。新建查询编辑器，输入如下代码：

```
use stupersoninfor
select 姓名,课程名,成绩 from kecheng,chengji ,stuinfor
where kecheng.课程号=chengji.课程号 and chengji.学号=stuinfor.学号
```

【操作实例 5-30】 查询选课成绩不及格的学生学号及姓名。可用内连接和一般性连接两种方法查询。新建查询编辑器，输入如下代码：

```
use stupersoninfor
select stuinfor.学号,姓名 from stuinfor inner join chengji
on chengji.学号=stuinfor.学号
where 成绩<60                                         --内连接
use stupersoninfor
select stuinfor.学号,姓名 from stuinfor, chengji
where chengji.学号=stuinfor.学号
and 成绩<60                                           --一般性连接
```

【操作实例 5-31】 查询选课课程名为 C#，且成绩为 90 分以上的学生姓名。新建查询编辑器，输入如下代码：

```
use stupersoninfor
select 姓名 from stuinfor,chengji,kecheng
where chengji.学号=stuinfor.学号 and kecheng.课程号=chengji.课程号
and 成绩>90                                           --一般性连接
```

【操作实例 5-32】 将例 5-31 内容用内连接来改写。新建查询编辑器，输入如下代码：

```
use stupersoninfor
select 姓名 from stuinfor inner join chengji on chengji.学号=stuinfor.学号
```

inner join kecheng on kecheng.课程号=chengji.课程号
where 成绩>90   --内连接

> **友情提醒**：通过以上实例操作，相信读者对内连接和一般性连接的用法有了更进一步的认识和理解。在实际应用中若遇到连接查询时，具体采用哪种方法，可以随自己喜好而选择。

5.8 任务八　使用其他连接查询

任务名称：使用其他连接查询。

任务描述：在连接查询中，除 5.7 节所提及的两种连接查询外，还有其他几种连接方式，如交叉连接、外连接和集合连接查询，虽然不是很常用，但了解一下对数据库系统知识的理解还是有一定帮助的。

1．简单分析

交叉连接可以生成测试数据或为核对表及业务模块生成所有可能组合的清单。交叉连接将从被连接的表中返回所有可能的行的组合。如表 1 有 3 条记录，表 2 有 6 条记录，那么使用交叉连接查询结果就是 3×6=18 条记录。

外连接根据返回行的主从表形式不同，可分为三种类型，即左外连接、右外连接和全外连接。

1）左外连接即在连接时将左边表的字段值完全保留下来，右边表没有相同匹配的项则以 NULL 替代，即 left join。

2）右外连接即在连接时将右边表的字段值完全保留下来，左边表没有相同匹配的项则以 NULL 替代，即 right join。

3）全外连接即左右两边表所有的字段值都保留下来，即 full join。

使用 UNION 运算符可以将两个或多个 SELECT 语句的结果组合成一个结果集，即集合连接。使用集合连接查询要求结果集都必须具有相同的结构，即列数相同，并且相应结果集的列的数据类型必须兼容。

2．实现步骤

1）交叉连接。

2）外连接。

3）集合连接。

 **任务实现**

步骤 1：单击"新建查询"进入查询分析器，并将 OASystem 数据库设置为当前默认库。在查询编辑器中输入图中查询代码，单击"执行"，结果如图 5-38 所示。

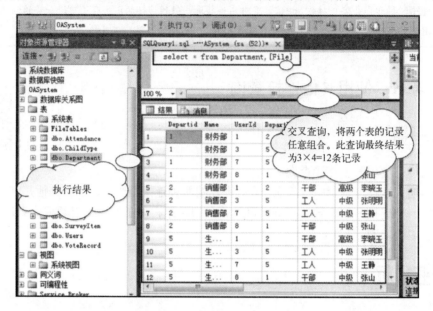

图 5-38　File 表与 Department 表交叉查询

步骤 2：单击"新建查询"进入查询分析器，并将 OASystem 数据库设置为当前默认库。在查询编辑器中输入图中查询代码，单击"执行"，结果如图 5-39 所示。

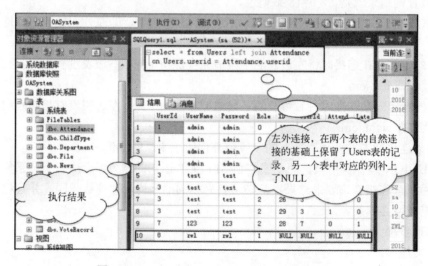

图 5-39　Users 表与 Attendance 表左外连接查询

步骤 3：单击"新建查询"进入查询分析器，并将 OASystem 数据库设置为当前默认库。在查询编辑器中输入图中查询代码，单击"执行"，结果如图 5-40 所示。

图 5-40　Union 合并查询

1．交叉连接查询

格式一：SELECT 列名列表 FROM 表名1, 表名2
格式二：SELECT 列名列表 FROM 表名1 CROSS JOIN 表名2

交叉连接的结果是两个表的笛卡儿积。
交叉连接在实际应用中一般是没有意义的，但在数据库的数学模式上有重要的作用。

2．外连接查询

（1）左外连接

将左表中的所有记录分别与右表中的每条记录进行组合，结果集中除返回内部连接的记录以外，还在查询结果中返回左表中不符合条件的记录，并在右表的相应列中填上 NULL，由于 bit 类型不允许为 NULL，就以 0 值填充。

格式：SELECT 列名列表 FROM 表名1 AS A LEFT [OUTER] JOIN 表名2
AS B ON A.列名=B.列名

（2）右外连接

和左外连接类似，右外连接是将右表中的所有记录分别与左表中的每条记录进行组合，结果集中除返回内部连接的记录以外，还在查询结果中返回右表中不符合条件的记录，并在左表的相应列中填上 NULL，由于 bit 类型不允许为 NULL，就以 0 值填充。

格式：SELECT 列名列表 FROM 表名1 AS A RIGHT [OUTER] JOIN 表名2
AS B ON A.列名=B.列名

（3）全外连接

全外连接是将左表中的所有记录分别与右表中的每条记录进行组合，结果集中除返回内连接的记录以外，还在查询结果中返回两个表中不符合条件的记录，并在左表或右表的相应列中填上 NULL，bit 类型以 0 值填充。

> 格式：SELECT 列名列表 FROM 表名 1 AS A FULL [OUTER] JOIN 表名 2 AS B ON A.列名=B.列名

3．集合连接查询

UNION 运算符用于将两个或多个检索结果合并成一个结果，当使用 UNION 时，需遵循以下两个规则。

1）所有查询中的列数和列的顺序必须相同。
2）所有查询中按顺序对应列的数据类型必须兼容。

4．操作实例

【操作实例 5-33】 查询 stuinfor、kecheng、chengji 三张表信息。新建查询编辑器，输入如下代码：

```
use stupersoninfor
select * from stuinfor,kecheng,chengji
```

【操作实例 5-34】 查看学生及其选课信息，如果学生没有选课，则将其选课成绩各项标为 NULL。新建查询编辑器，输入如下代码：

```
use stupersoninfor
select * from stuinfor left join chengji on stuinfor.学号=chengji.学号
```

【操作实例 5-35】 查询选修 C1 课程和 C2 课程的学号、课程号和成绩。新建查询编辑器，输入如下代码：

```
use stupersoninfor
select 学号,课程号,成绩 from chengji where 课程号='c1'
union
select  stuinfor.学号=chengji.学号  where 课程号='c2'
```

> 友情提醒：虽然内连接是比较常用的一种连接方式，但若理解并掌握了外连接、集合连接、交叉连接等其他连接方式，将有助于提高对问题的逻辑分析与判断能力。

5.9　MTA 微软 MTA 认证考试样题 5

样题 5-1

Katarina Larsson 始终很爱运动，她参加过爱斯基摩皮船、徒步旅行、游泳、自行车和更多体育项目。因此，当 Katarina 被 Adventure Works 公司雇佣为信息系统部门实习生时，她感到很兴奋。Katarina 正在大学中学习数据库管理，由于还提供在加拿大 Nova Scotia 参加体育冒险的机会，因此这个实习机会是一次宝贵的体验。她的新岗位的工作包括编写 SQL 查询，以分析岛上的居民和旅行者所参与的当前娱乐活动趋势的相关数据。Katarina 准备开始创建以下活动的报表：

- 徒步旅行
- 观看鲸鱼
- 爱斯基摩皮船
- 露营
- 高尔夫球

1. 在对预订系统运行查询时，哪个命令会确保回头客访问者仅被计数一次？
   a. SELECT ONLY
   b. SELECT DISTINCT
   c. SELECT UNIQUE
2. 对于某些报表，有必要按字母顺序显示结果。哪个命令将产生字母顺序列表？
   a. ORDER BY column_name (ASC 或 DESC)
   b. SORT BY column_name (ASC 或 DESC)
   c. ARRANGE BY column_name (ASC 或 DESC)
3. 真值表可用于使逻辑运算符的结果可见。比较两个字段时，哪个条件始终产生 TRUE？
   a. AND 运算符和仅一个字段 = TRUE
   b. OR 运算符和至少一个字段 = TRUE
   c. AND 运算符和至少一个字段 = FALSE

样题 5-2

Nova Scotia 是个有魅力的地方，Katrina 正在利用闲暇享受多种户外活动。她喜欢她在 Adventure Works 的新工作，她意识到，通过对娱乐趋势数据库应用某些复杂查询，能产生一些非常漂亮的报表。她决定花些时间复习子查询（谓词、标量和表）、UNIONS、JOINS 和 INTERSECTS 的概念。

1. 哪个语句是对谓词子查询的最佳定义？
   a. 返回单个值可以用在 CASE 表达式、WHERE 子句、ORDER BY 和 SELECT 中
   b. 基于在 FROM 子句中嵌套的查询返回一个表
   c. 通过使用 AND、OR、LIKE、BETWEEN、AS 和 TOP，在 WHERE 子句中使用扩展逻辑构造
2. UNION 与 JOIN 的区别是什么？
   a. 当有相同列数和数据类型时，UNION 将两个 SQL 查询的结果组合在一起；当至少有一个列匹配时，JOIN 返回行
   b. 当至少有一个列匹配时，UNION 将两个 SQL 查询的结果组合在一起；当有相同列数和数据类型时，JOIN 返回行
   c. UNION 仅返回在两个表中都出现的行；当至少有一个列匹配时，JOIN 返回行
3. 何时应当使用 INTERSECT 查询？
   a. 即使没有匹配，也要从剩下的表中查找所有行

b．与布尔 OR 相似，返回出现在两个表中的所有行
　　c．与布尔 AND 相似，仅返回在两个表中都出现的行

本章小结

　　本章主要介绍了 SQL Server 2014 的 SELECT 查询、条件查询、统计查询、分组查询、排序查询、嵌套查询、连接查询等基础知识和基本操作方法。查询操作是全书的重点，是学习后续章节内容的基础。全章以实例导航、循序渐进、由浅入深的原则安排操作任务，最后通过相关知识的讲解，全面深刻理解本章内容，达到全面掌握查询操作的目的。

课后习题

一、填空题

1．在 SQL Server 中，对数据的查询使用（　　）语句。

2．SELECT 语句中的 WHERE 子句用于指定记录有条件的查询，（　　）表示去掉重复的记录。

3．SELECT 语句中如果查询所有的列，则列名列表由（　　）代替。如果指明查询指定的某一列或某几列，则列名之间用（　　）号隔开。

4．SELECT 语句的 TOP N 用于指定查询结果返回的（　　）。

5．SELECT 语句中，利用（　　）子句可以从指定的组中选择出满足筛选条件的记录。

6．计算字段的求和函数是（　　），统计记录数的函数是（　　）。

7．一个表有 m 条记录，一个表有 n 条记录。两个表交叉连接后一共有（　　）条记录。

8．在 WHERE 子句中使用（　　）条件，可以为用户查询限定范围。

9．查询时无法确定某条记录中具体的信息，WHERE 子句中使用（　　）或（　　）与通配符搭配使用，可以实现模糊查询。

10．外连接查询的种类有（　　）、（　　）和（　　）三种。

二、选择题

1．在数据库标准语言 SQL 中，关于 NULL 值叙述正确的选项是（　　）。
　　A．NULL 表示空格　　　　　　　　　　B．NULL 表示 0
　　C．NULL 既可以表示 0，也可以表示是空格　　D．NULL 表示空值

2．如若两个表之间进行连接，则哪种写法是错误的（　　）。
　　A．select ...from 表 1，表 2 where 表 1.连接字段名=表 2.连接字段名...
　　B．select ...from 表 1 where 连接字段名 in (select 连接字段名 from ...)
　　C．select ...from 表 1 inner join 表 2 on 表 1.连接字段名=表 2.连接字段名
　　D．select ...from 表 1，表 2 on 表 1.连接字段名=表 2.连接字段名...

3．在 select 语句中利用（　　）关键字能够去除结果表中重复的记录。
　　A．top　　　　　　　　　　　　　　　B．into
　　C．distinct　　　　　　　　　　　　　D．add

4．分别统计男女生人数正确的 SELECT 命令为（　　）。

A．select count(*) from student where sex='男' and sex='女'
B．select count(*) from student where sex='男' or sex='女'
C．select count(*) from student order by sex
D．select count(*) from student group by sex

5．关于查询语句中 ORDER BY 子句使用正确的是（   ）。
A．如果未指定排序字段，则默认按递增排序
B．数据表的字段都可用于排序
C．如果 SELECT 子句使用 DISTINCT 关键字，则排序字段必须出现在查询结果中
D．连接查询不允许使用 ORDER BY 子句

6．Select 语句中（   ）表示任意的任意个字符。
A．？   B．*
C．！   D．_

7．以下（   ）不是 WHERE 子句中可用的逻辑运算符。
A．AND   B．OR
C．NOT   D．&

8．having<条件>只能与（   ）配合使用，表示将分组后将满足条件的记录输出。
A．group by   B．where
C．and   D．as

9．在查询结果集中，可以使用（   ）子句对查询的结果重新进行排序。
A．group by   B．where
C．order by   D．as

10．在 SELECT 查询中，使用 INTO 短语，其位置要在（   ）。
A．FROM 前，查询的列之后   B．FROM 后，查询的列之前
C．FROM 后，与查询的列无关   D．位置任意

三、判断题

1．SELECT 查询中 DISTINCT 功能是去掉重复的字段。（   ）
2．SELECT 查询中 INTO 短语只能与 ORDER BY 配合使用。（   ）
3．内连接和一般性连接没有任何区别，使用方法一样。（   ）
4．集合连接要求两个结果集字段名及个数一致。（   ）
5．分组子句 GROUP BY 使用时，查询字段有一定的限制。（   ）
6．如果查询的列不是来自库表字段，而是表达式或函数时，SQL 默认无列名。（   ）
7．在 SELECT 查询语句中，不区分大小写。（   ）
8．在 WHERE 子句中，Between…and…表示在…和…之间，包括两个端点的值。（   ）
9．SELECT 输入记录的默认顺序是按它们在表中的顺序进行排列的。（   ）
10．在 SELECT 查询中，使用 INTO 短语，可以将查询的结果保存到指定的表中。（   ）

四、操作题

1．创建一个学生信息管理数据库 stud，并创建相应的学生表 student、课程表 course、成绩表 score、教师表 teacher，并录入相关测试数据。各表中字段名、类型如下：
（1）student(sno varchar(3) not null, sname varchar(4) not null, ssex varchar(2) not null,

sbirthday datetime, class varchar(5))

（2）course(cno varchar(5) not null, cname varchar(10) not null, tno varchar(10) not null)

（3）score (sno varchar(3) not null, cno varchar(5) not null, degree numeric(10, 1) not null)

（4）teacher(tno varchar(3) not null, tname varchar(4) not null, tsex varchar(2) not null, tbirthday datetime not null, prof varchar(6), depart varchar(10) not null)

2．对 stud 数据库完成以下查询操作：

1）查询 student 表中的所有记录的 sname、ssex 和 class 列。

2）查询教师所有的单位即不重复的 depart 列。

3）查询 student 表的所有记录。

4）查询 score 表中成绩在 60 到 80 之间的所有记录。

5）查询 score 表中成绩为 85、86 或 88 的记录。

6）查询 student 表中"95031"班或性别为"女"的同学记录。

7）以 class 降序查询 student 表的所有记录。

8）以 cno 升序、degree 降序查询 score 表的所有记录。

9）查询"95031"班的学生人数。

10）查询 score 表中的最高分的学生学号和课程号。

第 6 章　T-SQL 语言

内容摘要

　　SQL（Structured Query Language 的简称，即结构化查询语言）是被国际标准化组织（ISO）采纳的标准数据库语言，目前所有关系数据库管理系统都以 SQL 作为核心，在 Java、C#、VC++、VB、Delphi 等程序设计语言中也可使用 SQL，它是一种真正跨平台、跨产品的语言。

　　Transact-SQL（简写为 T-SQL）是 Microsoft 公司针对其自身的数据库产品 Microsoft SQL Server 设计开发并遵循 SQL99 标准的结构化查询语言，并对 SQL99 进行了扩展。它在保持 SQL 语言主要特点的基础上，增加了变量、运算符、函数、流程控制和注释等语言元素。Transact-SQL 是 SQL Server 2014 的核心，与 SQL Server 2014 实例通信的所有应用程序都是通过将 Transact-SQL 语句发送到服务器来实现的，与应用程序无关。对于开发人员来讲，掌握 Transact-SQL 及其应用编程是管理 SQL Server 2014 和开发数据库应用程序的基础。

　　本章将要学习 T-SQL 语言的组成元素，包括批处理、脚本、注释、常量、变量、显示和输出语句、函数、流程控制语句和游标的概念及应用。

本章要点

1. 了解 T-SQL 语言的基本元素。
2. 掌握 T-SQL 程序控制语句使用。
3. 熟悉函数的应用。
4. 掌握游标的基本概念及其使用。

6.1 任务一 T-SQL 语言基础

任务名称：T-SQL 语言基础。

任务描述：T-SQL 是一种非过程化的语言，在 OASystem 数据库中，用户和应用程序都是通过 T-SQL 来操作数据库的。当要执行的任务不能由单一的 SQL 语句实现时，就要通过某种方式将多条 SQL 语句组织到一起，共同完成一项任务，即 T-SQL 编程。

1．简要分析

T-SQL 既然是语言，首先要了解它识别哪些字或字符，变量如何定义，有哪些语法规则。

2．实现步骤

1）批处理、脚本和注释。

2）常量和变量。

1．批处理、脚本和注释

步骤 1：批处理。单击"新建查询"进入查询分析器，输入批处理命令同时执行两条查询语句，然后执行，单击"执行"查看结果，如图 6-1 所示。

图 6-1 批处理举例

步骤 2：生成脚本。将上述的语句保存为脚本文件。在查询分析器中单击"保存"按钮，将 SQL 命令语句保存到一个扩展名为.SQL 的文件中。下次使用可单击"文件"→"打开"，并选择之前保存的脚本执行，如图 6-2 所示。

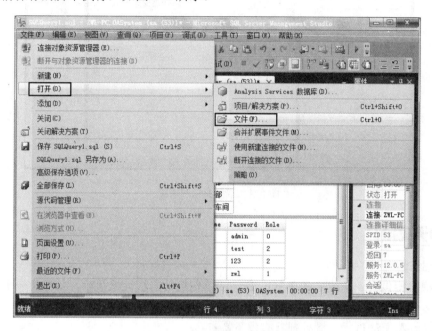

图 6-2　脚本的保存与打开

步骤 3：注释。对上述命令通过注释的方式进行说明。在查询分析器中添加注释。结果如图 6-3 所示。

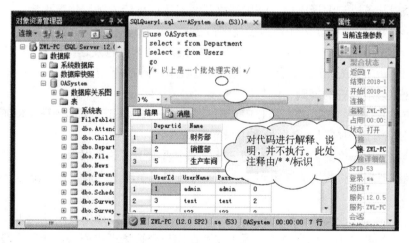

图 6-3　注释举例

2．常量和变量

打开查询分析器，在其中使用 SQL 语句定义一个变量并赋值，最后进行输出，如图 6-4

所示。

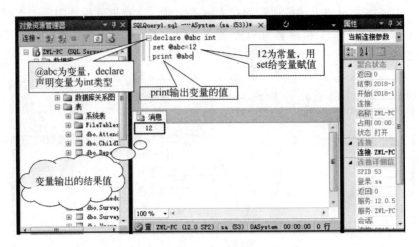

图 6-4 常量变量的用法

1．批处理

批处理是指包含一条或多条 T-SQL 语句的语句组被一次性地执行，是作为一个单元发出的一个或多个 SQL 语句的集合，并以 GO 作为结束标志。批处理中如果某处发生编译错误，整个执行计划都无法执行。批处理具有以下特点：

1）批处理中包含的一条或多条 T-SQL 语句的语句组，从应用程序一次性地发送到 SQL Server 服务器执行。

2）SQL Server 服务器将批处理语句编译成一个可执行单元，这种单元称为执行单元。

3）批处理某条语句编译出错，则无法执行。若运行出错，则视情况而定。

4）编译批处理时，GO 语句作为批处理命令的结束标志，当编译器读取到 GO 语句时，会把 GO 语句前的所有语句当作一个批处理，并将这些语句打包发送给服务器。GO 语句本身不是 T-SQL 语句的组成部分，只是一个表示批处理结束的指令。

2．批处理必须遵守的规则

1）CREATE DEFAULT、CREATE RULE、CREATE TRIGGER、CREATE PROCEDURE 和 CREATE VIEW 等语句在同一个批处理中只能提交一个。

2）不能在删除一个对象之后，在同一批处理中再次引用这个对象。

3）不能在把规则和默认值绑定到表字段或者自定义字段上之后，立即在同一批处理中使用它们。

4）不能在定义一个 CHECK 约束之后，立即在同一个批处理中使用该约束。

5）不能在修改表中一个字段名之后，立即在同一个批处理中引用这个新字段。

6）使用 SET 语句设置的某些 SET 选项不能应用于同一个批处理的查询中。

7）若批处理中第一条语句是执行某个存储过程的 EXECUTE 语句，则 EXECUTE 关键字可以省略。若该语句不是第一条语句，则必须写上。

3．批处理结束语句

批处理以 GO 作为结束语句，即批处理的结束标志。也就是说，当编译器执行到 GO 时会把 GO 之前的所有语句当作一个批处理来执行。需要注意的是，GO 语句行必须单独存在，不能含有其他的 SQL 语句，也不能有注释。

GO 命令和 T-SQL 语句不可在同一行，在批处理中的第一条语句后执行任何存储过程必须包含 EXECUTE 关键字。局部（用户定义）变量的作用域限制在一个批处理中，不可在 GO 命令后引用。

4．脚本

脚本是存储在文档中的一系列 T-SQL 语句，扩展名为.SQL，该文档可以在 SSMS 中运行。

一个脚本可以包含一个或多个批处理，脚本中的 GO 命令标识一个批处理的结束。如果一个脚本中没有包含任何 GO 命令，则它被视为一个批处理。

5．注释

注释是程序代码中不被执行的文本字符串，也称为备注。注释有两个作用：

1）对代码进行说明，便于将来对程序代码进行维护。

2）可以把程序中暂时不用的语句注释掉，使它们暂时不被执行，等需要这些语句时，再将它们恢复。

SQL Server 2014 支持以下两种类型的注释字符。

1）注释单行用"--（双连字符）"。

```
--建立数据库 OASystem
```

2）注释多行用"/* ... */"。

```
/*  建立数据库
数据库名称为OASystem*/
```

> **友情提醒**：注释可以使用快捷键，方法是选中语句先按〈Ctrl+K〉，再按〈Ctrl+C〉；取消注释快捷键选中语句，先按〈Ctrl+K〉，再按〈Ctrl+U〉。

6．常量

常量是指在程序运行中值不变的量。根据常量的类型不同，分为字符型常量、整型常量、日期时间型常量、实型常量、货币常量、全局唯一标识符。常量的格式取决于它所表示的值的数据类型。

（1）字符串常量

- ASCII 常量：用单引号括起来，由 ASCII 构成的字符串。包含字母、数字字符（A～Z，0～9，a～z）以及特殊字符，如感叹号（!），"at"符号@和数字字符#。例如，"abcd134"。
- UNICODE 字符串常量：前面有一个 N，如 N'abcde'（N 在 SQL92 规范中表示国际语言，必须大写）。UNICODE 是一种在计算机上使用的字符编码。它为每种语言中的每个字符设定了统一并且唯一的二进制编码，以满足跨语言、跨平台进行文本转换、处理的要求。建议使用单括号括住字符串常量。

(2）整型常量

二进制整型常量，由 0 和 1 组成，如 11111001；十进制整型常量，如 2789；十六进制整型常量，用 0x 开头，如 0x7e、0x，只有 0x 表示空十六进制数。

(3）日期时间型常量

用单引号将日期时间字符串括起来。如 '2006-01-12'、'06-24-1983'、'06/24/1988'、'1989-05-23'、'19820624'、'1982 年 10 月 1 日'等。

(4）实型常量

实型常量有定点和浮点两种，主要采用科学计数法表示。如 165.234、10E23。

(5）货币常量

货币常量以货币符号开头，并由没有引号括起来的数字和小数点组成的一串数字来表示。如￥542324432.25、$123。

7. 变量

变量是 SQL Server 用来在其语句之间传递数据的方式之一，由系统或用户定义并赋值。变量可以分为局部变量和全局变量两种，其中局部变量是指名称以一个@字符开始，由用户自己定义和赋值的变量；全局变量是指由系统定义和维护，名称以@@字符开始的变量。

(1）局部变量

T-SQL 中用 DECLARE 语句声明变量，并在声明后将变量的值初始化为 NULL。DECLARE 语句的基本语句格式如下：

```
DECLARE  @variable_name date_type
    [, @variable_name data_type…]
```

其中@variable_name 表示局部变量的名字，必须以"@"开头。date_type 表示指定的数据类型。如果需要，后面还可以指定数据长度。

变量声明后，DECLARE 语句将变量初始化为 NULL，这时可以调用 SET 语句或 SELECT 语句为变量赋值。SET 语句的基本语句格式如下：

```
SET @variable_name = expression
```

SELECT 语句为变量赋值的基本语句格式如下：

```
SELECT @variable_name = expression [FROM <表名> WHERE <条件>]
```

expression 为有效的 SQL Server 表达式，它可以是一个常量、变量、函数、列名或子查询等。

(2）全局变量

全局变量不能由用户定义，也不可以赋值，并且在相应的上下文中随时可用。使用全局变量时应该注意以下几点：

1）全局变量不是由用户的程序定义的，它们是在服务器级定义的。

2）用户只能使用预先定义的全局变量。

3）引用全局变量时，必须以标记符"@@"开头。

4）局部变量的名称不能与全局变量的名称相同，否则会在应用程序中出现不可预测的结果。系统提供近 30 个全局变量，现列举部分说明。

@@ERROR	最后一个 T-SQL 错误的错误号
@@IDENTITY	最后一个插入的标识值
@@LANGUAGE	当前使用语言的名称
@@MAX_CONNECTIONS	可以创建的同时链接的最大数目
@@ROWCOUNT	受上一个 SQL 语句影响的行数
@@SERVERNAME	本地服务器的名称
@@SERVICENAME	该计算机上的 SQL 服务的名称
@@TRANSCOUNT	当前连接打开的事务数
@@VERSION	SQL Server 的版本信息

【操作实例 6-1】 声明两个变量@var1 和@char1，它们的数据类型分别为 int 和 char。并且分别赋值为 100，'中国'。新建查询编辑器，输入如下代码：

```
declare   @var1 INT,@char1 CHAR(4)     -- 声明 var1,char1 变量
set @var1=100                           -- 给 var1 变量赋值 100
set @char1='中国'                       -- 给 char1 变量赋值中国
```

【操作实例 6-2】 用 SELECT 语句将 chengji 表中的最高学分赋值给变量@max。新建查询编辑器，输入如下代码：

```
USE stupersoninfor
DECLARE @max    INT                     --声明@max 变量
SELECT @max = MAX(成绩)FROM chengji     --@max 变量赋值
PRINT @max                              --输出@max 的值
```

【操作实例 6-3】 查询当前服务器的 SQL Server 版本以及服务器名称。新建查询编辑器，输入如下代码：

```
print @@VERSION                         --查看版本信息
print @@SERVERNAME                      --查看服务器名
```

6.2 任务二　使用函数

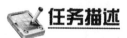

任务名称：使用函数。

任务描述：在 OASystem 数据库中，有时要完成特定的数据查询或统计功能。除了掌握必要的查询方法外，还需要熟练地使用一些函数。

1．简要分析

函数对于任何程序设计语言来说都是非常关键的组成部分。SQL Sever 2014 提供的函数

非常丰富，主要分成两大类，系统函数和用户自定义函数。其中，系统函数包括数学函数、字符串函数、数据类型转换函数和日期函数等，在系统函数不能满足需要的情况下，用户可以创建、修改和删除用户定义函数。

2．实现步骤

1）系统函数。

2）用户定义函数。

步骤 1：系统函数。单击"新建查询"进入查询分析器，在查询分析器中使用系统函数依次完成四舍五入、取字符串、数据类型转换和日期处理等操作。输入如图 6-5 所示相关代码，单击"执行"，查看运行结果。

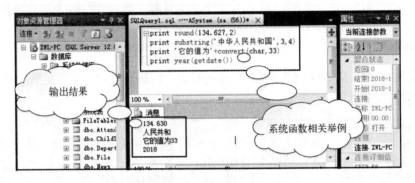

图 6-5　系统函数举例

步骤 2：自定义函数。用户自定义一个取最大值的函数。单击"新建查询"进入查询分析器，在查询分析器中输入如图 6-6 所示相关代码，单击"执行"，查看运行结果。

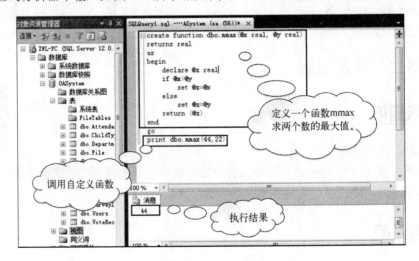

图 6-6　自定义函数举例

相关知识

1. 系统函数

如同其他编程语言一样，T-SQL 语言也提供了丰富的数据操作函数，常用的有数学函数、字符串函数、数据类型转换函数、日期和时间函数等。

下面分别以表格形式给出常见的函数及其说明。

（1）数学函数（见表 6-1）

表 6-1 数学函数

函数名称	说　明
ABS(n)	返回 n 的绝对值
RAND()	返回 0~1 之间的随机数
EXP(n)	返回 n 的指数值
SQRT(n)	返回 n 的平方根
SQUARE(n)	返回 n 的平方
POWER(n,m)	返回 n 的 m 次方
CEILING(n)	返回大于等于 n 的最小整数
FLOOR(n)	返回小于等于 n 的最大整数
ROUND(n,m)	对 n 做四舍五入处理，保留 m 位
LOG10(n)、LOG(n)	返回 n 以 10 为底的对数、返回 n 的自然对数
SIGN(n)	返回 n 的正号(+1)、零(0)或负号(-1)
PI	返回 π 的常量值 3.141 592 653 589 79
ASIN(n)、ACOS(n)、ATAN(n)	反正弦、反余弦、反正切函数，其中 n 用弧度表示
SIN(n)、COS(n)、TAN(n)、COT(n)	正弦、余弦、正切、余切函数，其中 n 用弧度表示
DEGREES(n)	将指定的弧度值转换为相应角度值
RADIANS(n)	将指定的角度值转换为相应弧度值

（2）字符串函数（见表 6-2）

表 6-2 字符串函数

种类	函数名称	说明描述
转换函数	ASCII(<字符串表达式>)	返回字符串表达式最左边字符的 ASCII 码值
	CHAR(<整型表达式>)	把 ASCII 码值转换成字符
	STR(<浮点型表达式>[,<长度 [,<小数长度>]>])	将数值数据转换为字符数据
	LOWER(<字符表达式>)	把大写字母转换成小写字母
	UPPER(<字符表达式>)	将小写字母转换成大写字母
取子串函数	SUBSTRING(<字符串表达式>，<起始位置>,<长度>)	在目标字符串或列值中，返回指定起始位置和长度的子串
	LEFT(<字符串表达式>,n)	从字符串的左边取 n 个字符
	RIGHT(<字符串表达式>,n)	从字符串的右边取 n 个字符

（续）

种类	函数名称	说明描述
去空格函数	LTRIM(<字符串表达式>)	删除字符串头部的空格
	RTRIM(<字符串表达式>)	删除字符串尾部的空格
字符串比较函数	CHARINDEX(<字符串2>,<字符串1>)	返回字符串2在字符串1表达式中出现的起始位置
	PATINDEX(%<模式>%,<字符串>)	返回指定模式在字符串中第一次出现的起始位置；若未找到，则返回零
基本字符串函数	SPACE(n)	返回由n个空格组成的字符串
	REPLICATE(<字符串>,n)	返回一个按指定字符串重复n次的字符串
	LEN(<字符串>)	返回指定字符串的字符个数
	STUFF(<字符串1>,<起始位置>,<长度>,<字符串2>)	用字符串2替换字符串1中指定起始位置、长度的子串
	REPLACE(<字符串1>,<字符串2>,<字符串3>)	在字符串1中，用字符串3替换字符串2
	REVERSE(<字符串>｜<列名>)	取字符串的逆序

(3) 数据类型转换函数（见表6-3）

表6-3 数据类型转换函数

函数名称	功　能
CAST(<表达式> AS <数据类型>)	将某种数据类型的表达式显式转换为另一种数据类型
CONVERT(<数据类型>[<长度>], <表达式> [,style])	将某种数据类型的表达式显式转换为另一种数据类型，可以指定长度,style为日期格式样式

(4) 日期时间函数（见表6-4、表6-5）

表6-4 日期时间函数

函数名称	说　明
GETDATE()	以Datetime数据类型的标准格式返回当前系统的日期和时间
DAY(date)	返回指定日期的天数
MONTH(date)	返回指定日期的月份
YEAR(date)	返回指定日期的年份
DATEADD(<datepart>,n,<date_expression>)	返回在指定日期按指定方式加上一个时间间隔n后的新日期时间值
DATEDIFF(<datepart>,<date1>,<date2>)	以指定的方式给出日期2和日期1之差
DATENAME(<datepart>,<date_expression>)	返回指定日期中指定部分所对应的字符串
DATEPART(<datepart>,<date_expression>)	返回指定日期中指定部分所对应的整数值

表 6-5　日期时间函数中参数 datepart 的取值

日期组成部分	缩写	取值
year	yy, yyyy	1753～9999
quarter	qq, q	1～4
month	mm, m	1～12
Day of year	dy, y	1～366
day	dd, d	1～31
week	wk, ww	1～54
weekday	dw, w	1～7
hour	hh	0～23
minute	mi	0～59
second	ss	0～59
millisecond	ms	0～999

2．用户自定义函数

用户在编写程序的过程中，除了可以调用系统函数外，还可以根据应用需要自定义函数，以便用在允许使用自定义函数的任何地方。用户自定义函数包括标量值函数和表值函数两类，其中表值函数又包括内联表值函数和多语句表值函数。

（1）标量值函数

返回一个确定类型的标量值。其返回类型为除 TEXT、NTEXT、IMAGE、CURSOR、TIMESTAMP 和 TABLE 类型以外的其他数据类型。函数体语句定义在 BEGIN—END 语句内。

创建标量函数语法格式：

```
CREATE FUNCTION function_name
(@Parameter scalar_parameter_data_type[=default],[…n])
RETURNS scalar_return_data_type
AS
BEGIN
  Function body
  RETURN scalar_expression
END
```

参数说明：

① function_name：指定要创建的函数名。

② @Paramete：为函数指定一个或多个标量参数的名称。

③ scalar_parameter_data_type：指定标量参数的数据类型。

④ default：指定标量参数的默认值。

⑤ scalar_return_data_type：指定标量函数返回值的数据类型。

⑥ Function body：指定实现函数功能的函数体。

⑦ scalar_expression：指定标量函数返回的标量值表达式。

（2）内联表值函数

内联表值函数的返回值是一个表。内联表值函数没有由 BEGIN…END 语句括起来的函数体，其返回的表由一个位于 RETURN 语句中的 SELECT 语句从数据库中筛选出来。内联表值函数的功能相当于一个参数化的视图。

创建内联表值函数语法格式：

```
CREATE FUNCTION function_name
(@Parameter  scalar_parameter_data_type[=default],[…n])
RETURNS TABLE
AS
RETURN select_stmt
```

参数说明：

① TABLE：指定返回值为一个表。

② select_stmt：单条 SELECT 语句，确定返回表的数据。

其余参数与标量函数相同。

(3) 多语句表值函数

多语句表值函数的返回值是一个表。函数体包括多个 SELECT 语句，并定义在 BEGIN…END 语句内。

创建多语句表值函数语法格式：

```
CREATE FUNCTION function_name
(@Parameter  scalar_parameter_data_type[=default],[…n])
RETURNS table_variable_name TABLE
(<column_definition>)
AS BEGIN
function_body
RETURN
END
```

参数说明：

① table_variable_name：指定返回的表变量名。

② column_definition：返回表中各个列的定义。

(4) 调用用户自定义函数

1) 调用标量函数。

当调用用户自定义的标量函数时，提供由两部分组成的函数名称，即"所有者.函数名"，自定义函数的默认所有者为 dbo。

可以利用 PRINT、SELECT 和 EXEC 语句调用标量函数。

2) 调用表值函数。

表值函数只能通过 SELECT 语句调用，在调用时可以省略函数的所有者。

内联表值函数和多语句表值函数的调用方法相同。

3．操作举例

【操作实例 6-4】 用不同方法调用标量函数 mmax。

```
print dbo.mmax(44,22)                    --用 print 语句调用标量函数
```

```
select dbo.mmax(44,22)              --用 select 语句调用标量函数
declare @m real
exec @m=dbo.mmax(44,22)
print @m                            --用 exec 语句调用标量函数
```

【操作实例 6-5】 在 stupersoninfor 数据库中创建一个内联表值函数，该函数返回高于指定成绩的查询信息。

```
create function greaterscore (@cj float)
returns table
as
return    select *
from chengji
where 成绩>=@cj
```

6.3 任务三 使用流程控制语句

 任务描述

任务名称：使用流程控制语句。

任务描述：流程控制语句是组织较复杂的 T-SQL 语句的语法元素，在编程时少不了流程控制语句的使用。通过流程控制可以使 SQL 中的各命令语句得以相互连接、关联和相互依存，使其完成更加强大的程序功能。

 任务分析

1．简单分析

T-SQL 提供称为控制流语言的特殊关键字，用于控制 T-SQL 语句、语句块的执行。按执行方式的不同，可分为顺序语句、分支语句和循环语句。下面对各控制语句流的关键字进行介绍。

2．实现步骤

1）BEGIN…END 语句。
2）IF…ELSE 语句。
3）CASE…END 语句。
4）WHILE 语句。

 任务实现

步骤 1：自定义语句块。将两条查询语句封装为一个语句块。单击"新建查询"进入查询分析器，并将 OASystem 数据库设置为当前默认库。输入相应查询命令，单击"执行"，查看结果，如图 6-7 所示。

图 6-7 BEGIN…END 举例

步骤 2：条件判断。打开查询分析器，输入代码，实现对两个数进行大小比较，如图 6-8 所示。

图 6-8 IF…ELSE 举例

步骤 3：多分支判断。单击"新建查询"进入查询分析器，并将 OASystem 数据库设置为当前默认库。输入如图 6-9 所示的查询命令，单击"执行"，实现对数值的多分支判断并输出相应结果。

图 6-9 CASE…END 举例

步骤4：WHILE 循环。单击"新建查询"进入查询分析器，并将 OASystem 数据库设置为当前默认库。输入如图 6-10 所示的查询命令，单击"执行"，查看结果。

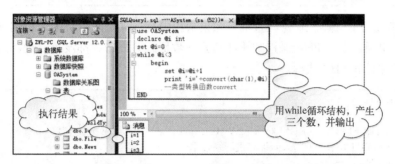

图 6-10 WHILE 循环结构举例

T-SQL 语言支持基本的流控制逻辑，它允许按照给定的某种条件执行程序流和分支，T-SQL 提供的控制流有：BEGIN…END 语句，IF…ELSE 分支，CASE 多重分支语句，WHILE 循环结构，GOTO 语句，WAITFOR 语句和 RETURN 语句。

1．BEGIN…END 语句

该语句用于将多条 T-SQL 语句封装起来，构成一个语句块，它用在 IF…ELSE、WHILE 等语句中，使语句块内的所有语句作为一个整体被执行。BEGIN…END 语句可以嵌套使用。

BEGIN…END 的基本语句格式如下：

```
BEGIN
    {SQL 语句 | 语句块}
END
```

2．IF…ELSE 分支语句

IF…ELSE 语句是条件判断语句，其中，ELSE 子句是可选的，最简单的 IF 语句没有 ELSE 子句部分。

IF…ELSE 的基本语句格式如下：

```
IF   <布尔表达式>
    {SQL 语句 | 语句块}
ELSE
    {SQL 语句 | 语句块}]
```

【操作实例 6-6】 用 IF 语句查询课程中有没有计算机课程。如果课程中有计算机课程，统计其数量，否则显示没有计算机课程。

```
USE stupersioninfor
GO
IF exists(SELECT * FROM kecheng WHERE  课程名  like '计算机%')
```

```
        SELECT COUNT(*) AS 计算机课程数量
        FROM kecheng
        WHERE 课程名 like '计算机%'
    ELSE
    PRINT '数据库中没有计算机课程'
```

【操作实例 6-7】 嵌套 IF 课程查询。如果课程中有计算机网络技术课程则统计其开课数量，否则，如果课程中有 PHP 课程则统计其开课数量。如果二者都没有开设，则显示没有计算机网络技术课程和 PHP 课程。

```
USE educ
GO
IF exists(SELECT * FROM kecheng WHERE 课程名='计算机网络技术')
    SELECT COUNT(*) AS 计算机网络技术
    FROM kecheng
    WHERE 课程名='计算机网络技术'
ELSE
    IF exists(SELECT * FROM kecheng WHERE cname='php')
        SELECT COUNT(*) AS php
        FROM kecheng
        WHERE 课程名='php'
    ELSE
    PRINT '计算机网络技术和 php 都没开！'
```

3．CASE 多重分支语句

CASE 语句，计算条件列表并返回多个可能结果表达式之一。CASE 具有两种格式，简单 CASE 表达式，将某个表达式与一组简单表达式进行比较以确定结果；CASE 搜索表达式，计算一组逻辑表达式以确定结果。

（1）简单 CASE 表达式

```
CASE 表达式
    WHEN 表达式的值 1    THEN 返回表达式 1
    WHEN 表达式的值 2    THEN 返回表达式 2
    …
ELSE 返回表达式 n
END
```

【操作实例 6-8】 显示学生选课的数量。

```
USE stupersoninfor
GO
select 学号,'课程数量'=
case count(*)
 when 1 then '选修了一门课'
 when 2 then '选修了两门课'
 when 3 then '选修了三门课'
end
from chengji group by 学号
```

（2）CASE 搜索表达式

```
CASE
    WHEN  逻辑表达式 1 THEN  返回表达式 1
    WHEN  逻辑表达式 2 THEN  返回表达式 2
    …
    ELSE  返回表达式 n
END
```

【操作实例 6-9】 设置 stupersoninfor 数据库 chengji 表中，学号为 001 的同学成绩对应的等级。

```
use stupersoninfor
go
select *,等级=case
when 成绩>=90 THEN '优秀'
when 成绩=80 THEN '良'
when 成绩>=70 THEN '中'
when 成绩>=60 THEN '及格'
else    '不及格'
end
from chengji
where  学号='001'
```

4．循环语句

WHILE…CONTINUE…BREAK 语句用于设置重复执行 SQL 语句或语句块的条件。只要指定的条件为真，就重复执行语句。

WHILE 的基本语句格式如下：

```
WHILE <布尔表达式>
    {SQL 语句 | 语句块}
    [BREAK]
    {SQL 语句 | 语句块}
    [CONTINUE]
    [SQL 语句 | 语句块]
```

说明：

1）CONTINUE 语句可以使程序跳过 CONTINUE 语句后面的语句，回到 WHILE 循环的第一行命令。

2）BREAK 语句则使程序完全跳出循环，结束 WHILE 语句的执行。

3）如果嵌套了两个或多个 WHILE 循环，则内层的 BREAK 将退出到下一个外层循环。首先运行内层循环结束之后的所有语句，然后重新开始下一个外层循环。

下面以一个例子说明 WHILE 语句的用法。

【操作实例 6-10】 求 1+2+3+…+100 的结果。

```
declare @i int,@s int
set @i=1
```

```
set @s=0
while (@i<=100)
begin
set @s=@s+@i
set @i=@i+1
end
print @s
```

结果为：5050。

读者可以根据此题思路，自行求 1 到 100 之间奇数的和，偶数的和，累乘积（如 10!）。

5. GOTO 语句

GOTO 语句将执行语句无条件跳转到标签处，并从标签位置处继续执行。GOTO 语句和标签可在过程、批处理或语句块中的任何位置使用。其语法格式为：

```
GOTO label
```

6. WAITFOR 语句

WAITFOR 语句，称为延迟语句。可以指定在某个时间或者过一定时间后执行语句块或存储过程。其语法格式为：

```
WAITFOR
{ DELAY 'time_to_pass'        /* 设定等待时间 */
| TIME 'time_to_execute'      /* 设定等待到某一时刻 */
}
```

说明如下：

'time' 要等待的时间。可以按 datetime 数据可接受的格式指定 time，也可用局部变量指定此参数。不能指定日期，只能指定时间。

【操作实例 6-11】 延迟 30 秒执行查询。

```
use stupersoninfor
go
waitfor delay '00:00:30'
select  * from   stuinfor
```

【操作实例 6-12】 在时刻 21:20:00 执行查询。

```
use educ
go
waitfor time '21:20:00'
select  * from   stuinfor
```

> **友情提醒**：流程控制语句的学习，是学好编程的一个重要环节，要重视，学会分析、理解并辅以上机调试。

6.4 任务四 使用游标

任务描述

任务名称：使用游标。
任务描述：应用程序，特别是交互式联机应用程序，并不总能将整个查询的结果集作为一个单元来有效地处理。这些应用程序有时需要一种机制以便每次处理一行或一部分行，游标就能提供这种机制。

任务分析

1．简单分析

游标（Cursor）是一种数据访问机制，它允许用户单独访问数据行，类似于 C 语言的指针。通常用游标结果集来返回所定义的游标的 SELECT 语句返回的行集，具体从哪个位置开始，则由某一行的指针即游标位置来指定。

2．实现步骤

1）游标结果集。
2）游标位置。

任务实现

步骤 1：单击"新建查询"进入查询分析器，并将 OASystem 数据库设置为当前默认库。输入相关命令，通过游标提取结果集中的第一条数据，如图 6-11 所示。

图 6-11 游标的使用

步骤 2：单击"新建查询"进入查询分析器，并将 OASystem 数据库设置为当前默认库。输入相关命令，通过游标提取结果集中指定的记录行，如图 6-12 所示。

图 6-12 游标的定位

1．T-SQL 游标的组成

游标提供了一种从表中检索数据并进行操作的灵活手段，游标主要用在服务器上，处理由客户端发送给服务器端的 SQL 语句，或是批处理、存储过程、触发器中的数据处理请求。游标的优点在于它可以定位到结果集中的某一行，并可以对该行数据执行特定操作，为用户在处理数据的过程中提供了很大方便。一个完整的游标由 5 个部分组成，并且这 5 个部分应符合下面的顺序。

- 声明游标。
- 打开游标。
- 提取游标。
- 关闭游标。
- 释放游标。

（1）声明游标：DECLARE CURSOR

基本语句格式如下：

```
DECLARE cursor_name CURSOR
FOR SELECT_statement
```

参数含义如下：

① cursor_name：是所定义的 T-SQL 服务器游标名称。

② SELECT_statement：是定义游标结果集的标准 SELECT 语句。

（2）打开游标：OPEN

基本语句格式如下：

```
OPEN cursor_name
```

（3）提取游标：FETCH

从 T-SQL 服务器游标中检索特定的一行。基本语句格式如下：

```
FETCH
[ NEXT | PRIOR | FIRST | LAST | ABSOLUTE n | RELATIVE n ]
FROM
cursor_name
    [ INTO @variable_name [ , ...n ] ]
```

参数含义如下：

① NEXT：返回紧跟当前行之后的结果行。如果 FETCH NEXT 为对游标的第一次提取操作，则返回结果集中的第一行。

② PRIOR：返回紧临当前行前面的结果行。如果 FETCH PRIOR 为对游标的第一次提取操作，则没有行返回并且游标置于第一行之前。

③ FIRST：返回游标中的第一行并将其作为当前行。

④ LAST：返回游标中的最后一行并将其作为当前行。

⑤ ABSOLUTE n：如果 n 为正数，返回从游标头开始的第 n 行并将返回的行变成新的当前行。如果 n 为负数，返回游标尾之前的第 n 行并将返回的行变成新的当前行。如果 n 为 0，则没有行返回。

⑥ RELATIVE n：返回当前行之前或之后的第 n 行并将返回的行变成新的当前行。

⑦ cursor_name：要从中进行提取的开放游标的名称。

⑧ INTO @variable_name[, ...n]：允许将提取操作的列数据放到局部变量中。列表中的各个变量从左到右与游标结果集中的相应列相关联。各变量的数据类型必须与相应的结果列的数据类型相匹配。变量的数目必须与游标选择列表中的列的数目一致。

（4）关闭游标：CLOSE

通过释放当前结果集并且解除定位游标的行上的游标锁定。CLOSE 后，游标可以重新打开，但不允许提取和定位更新。

基本语句格式如下：

```
CLOSE cursor_name
```

（5）释放游标：DEALLOCATE

基本语句格式如下：

```
DEALLOCATE cursor_name
```

2．与游标相关的函数

1）@@CURSOR_ROWS　　返回打开的游标中的记录行数。

返回值	描述
-m	游标被异步填充。返回值 (-m) 是键集中当前的行数
-1	游标为动态。因为动态游标可反映所有更改，所以符合游标的行数不断变化。因而永远不能确定地说所有符合条件的行均已检索到
0	没有被打开的游标，没有符合最后打开的游标的行，或最后打开的游标已被关闭或被释放
n	游标已完全填充。返回值 (n) 是在游标中的总行数

2）@@FETCH_STATUS 返回被 FETCH 语句执行的最后游标的状态，而不是任何当前被连接打开的游标的状态。

返回值	描述
0	FETCH 语句成功
-1	FETCH 语句失败或此行不在结果集中
-2	被提取的行不存在

3．操作实例

【操作实例 6-13】利用游标，显示所有网络专业班的学生学号与姓名。新建查询编辑器，输入如下代码：

```
use stupersoninfor
go
declare @sno nchar(10), @sname nchar(10)
declare cur_student cursor
for
select 学号,姓名 from stuinfor
where    班级='网络'
-- 打开游标
open cur_student
-- 第一次提取
fetch next from cur_student
into @sno,@sname
-- 检查@@FETCH_STATUS，确定游标中是否有尚未提取的数据
while @@FETCH_STATUS = 0
begin
print '学号：'+@sno+' 姓名：'+@sname
end
fetch next from cur_student
into @sno,@sname
end
-- 关闭游标
close cur_student
-- 删除游标
deallocate cur_student
```

> **友情提醒**：游标是系统为用户开设的一个数据缓冲区，存放 SQL 语句的执行结果，每个游标区都有一个名字，用户可以用 SQL 语句逐一从游标中获取记录，并赋给主变量，交由主语言进一步处理。

6.5 MTA 微软 MTA 认证考试样题 6

样题 6-1

在完成为他的母亲创建 CD 收藏数据库之后，Yan 意识到此类型的结构可以用于很多其他

库存数据库。他发现，在预定义的 SQL 函数中提供了一些常见功能。通过利用这些内置的现成函数，他可以提高工作效率，并花时间创建任何其他需要的用户定义函数。Yan 还学会了区分聚集函数和标量函数。

1. 在 CD 收藏数据库中，Yan 可以使用什么聚合函数来计算 CD 总数？
   a. SUM (列名称)
   b. COUNT (列名称)
   c. AVG (列名称)

2. Yan 对标量函数的工作原理不是很明确。下面哪个是标量函数？
   a. FIRST (列名称) 返回指定列中的第一个字段
   b. SUM (列名称) 返回列中所有值的总计
   c. UCASE (列名称) 返回所有大写字母字段的值

样题 6-2

由于广泛进行了对 Adventure Works 公司的娱乐活动数据库的添加数据和创建报表的工作，Katarina 对该公司的数据库组织有了更好的了解。团队的数据库经理对她的进度感到高兴，并给她安排了新任务。她将负责编写将由开发人员用于在数据库中插入、更新和删除数据的 SQL 存储过程。

1. 开发人员要更新数据库中的所有记录，以反映该省增值税从 8% 增加到 10%。以下哪条是正确语法？
   a. UPDATE RENTALS SET value_added_tax = .10;
   b. SET sales_tax_rate = .10 IN RENTALS;
   c. UPDATE sales_tax_rate = .10 IN RENTALS;

2. 如果条件为 True，则 Katarina 要更新数据；如果条件为 False，则执行备选更新。以下哪条是最佳选择？
   a. CASE 语句
   b. LIKE 语句
   c. IF/THEN/ELSE 语句

3. 一个开发人员提到有时他需要将一个表中的数据更新到另一个表中。以下哪条是适合此更新类型的正确语法？
   a. UPDATE SET kayak = RENTALS.kayak + EQUIPMENT.kayak FROM RENTALS, EQUIPMENT;
   b. UPDATE RENTALS SET RENTALS.kayak + EQUIPMENT.kayak;
   c. UPDATE RENTALS SET kayak = RENTALS.kayak + EQUIPMENT.kayak FROM RENTALS, EQUIPMENT;

本章小结

本章主要介绍了 T-SQL 语言的基础知识，包括批处理、脚本、注释、常量和变量、流程控制语句、系统函数和用户函数及游标的概念和使用。它作为 SQL 语言编程基础，为学习后续存储过程、触发器奠定了基础。全章以实例导航、循序渐进、由浅入深的原则进行相关知识的讲解，全面完成本章的任务。

一、填空题

1．（　　）是系统给定的特殊的变量，通常变量名前面有@@，局部变量名前需加（　　）。

2．批处理的结束标志为（　　）。

3．变量的赋值一般用（　　）和（　　）命令，变量的输出一般用（　　）和（　　）。

4．在使用游标时，若读下一行，则用 fetch（　　）。

5．用户自定义函数包括两类（表值函数）和（　　）。

6．（　　）语句使程序完全跳出循环，结束 WHILE 语句的执行。（　　）语句使程序跳出本次循环，继续下一次循环。

7．（　　）是指包含一条或多条 T-SQL 语句的语句组，被一次性地执行。

8．脚本是存储在（　　）中的一系列 T-SQL 语句，扩展名为（　　），该文档可以在 SSMS 中运行。

9．变量的声明用（　　）命令。

10．（　　）语句可以使程序跳过 CONTINUE 语句后面的语句，回到 WHILE 循环的第一行命令。

二、选择题

1．SQL 中常用的给变量赋初值的命令为（　　）。

　　A．SET　　　　　　　　　　　B．DECLARE
　　C．=　　　　　　　　　　　　D．PRINT

2．SQL 中局部变量的写法正确的是（　　）。

　　A．ab　　　　　　　　　　　　B．@ab
　　C．@@ab　　　　　　　　　　D．'ab'

3．以下正确的字符型常量为（　　）。

　　A．"中国"　　　　　　　　　　B．[中国]
　　C．'中国'　　　　　　　　　　D．<中国>

4．脚本是批处理存在的方式，其扩展名为（　　）。

　　A．.sql　　　　　　　　　　　B．.dbf
　　C．.mdf　　　　　　　　　　　D．.ldf

5．下面哪个函数属于字符串运算的是（　　）？

　　A．ABS　　　　　　　　　　　B．SIN
　　C．STR　　　　　　　　　　　D．ROUND

6．下列函数中，返回值数据类型为 int 的是（　　）。

　　A．LEFT　　　　　　　　　　　B．LEN
　　C．LTRIM　　　　　　　　　　D．SUNSTRING

7．在 Transact-SQL 的模式匹配中，使用（　　）符号表示匹配任意长度的字符串。

　　A．*　　　　　　　　　　　　B．-

C. %   D. #
8. 下列不可能在游标使用过程中使用的关键字是（　　）。
   A. OPEN   B. CLOSE
   C. DEALLOCATE   D. DROP
9. SQL 语言中，不是逻辑运算符号的是（　　）。
   A. AND   B. NOT
   C. OR   D. XOR
10. T-SQL 中的全局变量以（　　）作前缀。
    A. @@   B. @
    C. #   D. ##

三、判断题
1. select 16%4 的执行结果是 4。   （   ）
2. 2005.11.09 是 SQL 中的日期型常量。   （   ）
3. SELECT, PRINT 都可以打印变量的值，二者没有任何区别。   （   ）
4. 变量必须先定义后使用，常用的声明变量的命令为 declare。   （   ）
5. 在游标中能删除数据记录。   （   ）
6. 常量是指在程序运行中值不变的量。   （   ）
7. 注释是程序代码中可以执行的文本字符串。   （   ）
8. 1.34E+3 是合法的常量。   （   ）
9. substr("abc134",1,4)结果为 ab。   （   ）
10. 表值函数又包括内联表值函数和多语句表值函数。   （   ）

四、简答题
1. 简述使用游标的步骤。
2. 流程控制语句包括哪些，它们各自的作用是什么？

五、编程题
1. 编程实现求 100 以内偶数的和。
2. 编程实现求 6！。
3. 编写一个自定义函数用来求两个数中的最小值。

第7章 视图操作

内容摘要

在实际使用数据库的过程中,很多时候需要频繁地用到多个表中的数据,数据库中有一个对象可以将不在一个表中的数据集中在一起,这样原本对多个表的操作就变成了对一个表的操作,这个对象就是视图。视图本质上就是一个虚拟表,是多个表中若干个字段的组合。视图的操作与表基本相同,能够实现与表基本相同的功能。本章以创建视图和管理视图两个任务为基点,全面讲解视图操作的基本知识。

本章要点

1. 掌握视图相关知识。
2. 学习创建视图。
3. 掌握视图修改过程。
4. 了解视图删除、加密的相关知识。

7.1 任务一 创建视图

任务描述

任务名称：创建数据库视图。

任务描述：视图是数据库中重要而又特殊的对象。从外观来看，视图就是一个表格，但它是一个虚表，是一个建立在其他基本表基础上的查询结构，可以使用户更加方便、快捷、高效、安全地使用数据库。

本任务就是在实例数据库中创建视图，为用户提供更加优化的数据库应用方案。

任务分析

1．简要分析

视图其实就是一段被定义为固定结构的查询语句，每次用户在使用视图的时候，系统按照实现定义的结构，从基本表中将数据读取出来，所以视图本身并不包含任何数据。视图的创建有两种方式：图形方式和 SQL 定义语句方式。前者侧重于用户在界面中的设置，而后者侧重于核心查询语句的编写。

本任务要求将"File"表中的"Name"字段、"PostName"字段和"Department"表中的"DepartId""Name"字段组成一个视图对象。

2．实现步骤

1）设置视图所需的数据平台，例如表、视图等。
2）设置视图的条件，例如约束、排序等。
3）验证及保存。

任务实现

1．使用图形方式创建视图

步骤 1：创建视图。启动 SSMS，展开目标数据库"OASystem"节点，右击其中的"视图"子节点，从弹出的菜单中单击"新建视图（N）"命令，如图 7-1 所示。

步骤 2：添加表。执行步骤 1 后，弹出"添加表"对话框，该对话框共有"表""视图""函数""同义词"四个选项卡，在每个选项卡中可以选择创建视图所需的对象。对象可以是一个，也可以是多个。首先选中对象，然后单击"添加"，可以将目标对象填入视图编辑窗体中，如图 7-2 所示。

步骤 3：根据任务需求，将"表"选项卡中的"Department"表与"File"表添加到视图编辑窗体中。添加完成后关闭"添加表"对话框，便可激活视图编辑窗体。在窗体的关系图窗格中"File"表与"Department"表已经被填入其中，并建立了相应关联，如图 7-3 所示。

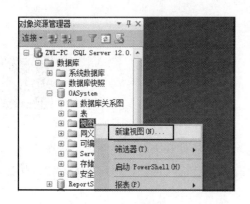

图 7-1 创建视图

图 7-2 添加表

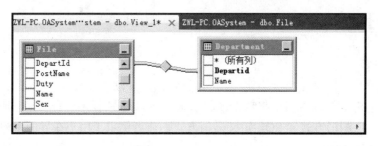

图 7-3 关系图窗格

步骤4：字段选择。在生成的关系图窗格中，需要设置创建视图所需的字段，根据任务，选中"File"表中的"Name""PostName"字段和"Department"表中的"DepartId""Name"字段，如图7-4所示。

图 7-4 视图中的字段选择

步骤 5：其他设置。在列窗格中，可以对视图进行详细设置，例如约束、是否输出和显示排序等。

步骤 6：SQL 语句窗格。在 SQL 语句窗格中，系统会自动将前面的设置转化为 SQL 语句，用户也可以在此窗格中对语句进行修改，所做的修改也会体现在其他窗格中。

步骤 7：执行、保存。确定视图设置完毕后，单击菜单栏中的"执行"按钮，可以在结果显示窗格中查看当前设置下视图结果，如图 7-4 所示。确认无误后，保存退出。

2．使用命令方式创建视图

在任务中，新建一个数据库"OASystem_1"，并创建基本表"bumen"。在"bumen"表的基础上创建视图，要求只显示表中的"ID"和"Name"字段。

步骤 1：搭建创建视图的数据库环境。使用 CREATE DATABASE 命令新建数据库 OASystem_1，在 SSMS 中的查询编辑器窗口中输入命令。

```
CREATE DATABASE [OASystem_1]
```

OASystem_1 为数据库的名称，要用中括号括起来。执行命令，结果如图 7-5 所示。

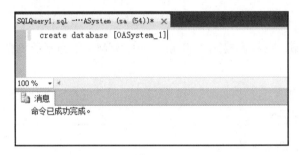

图 7-5　创建数据库 SQL 命令

步骤 2：搭建创建视图的基本表环境。创建数据库完成后，创建名为"bumen"的表，在 SQL 窗格中输入如下命令。

```
CREATE TABLE [OASystem_1].[dbo].bumen
(ID int not null primary key,
Name nvarchar(50),
Other nvarchar(50))
```

执行命令，结果如图 7-6 所示。

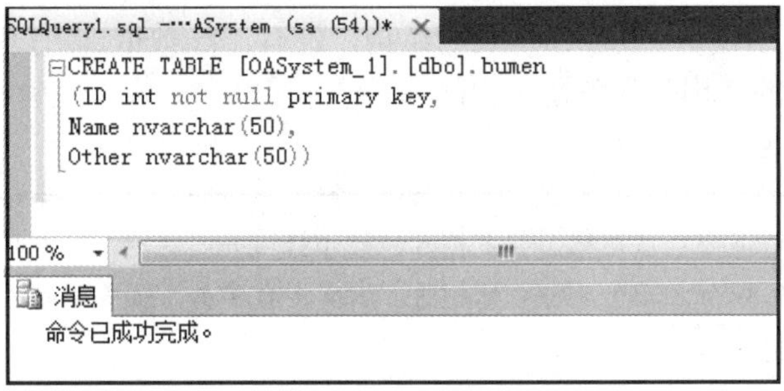

图 7-6　创建基本表 SQL 命令

步骤 3：创建视图。在 SSMS 中选择新建查询编辑器窗口，输入创建视图命令。

```
CREATE VIEW bumen_view
AS
SELECT ID,Name
FROM bumen
```

执行命令，结果如图 7-7 所示。

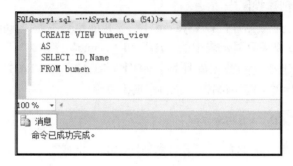

图 7-7　创建视图

步骤 4：查看视图。查看创建完成的视图，在 SSMS 中新建查询编辑器窗口，输入查看视图语句。

```
SELECT *
FROM bumen_view
```

执行命令，结果如图 7-8 所示。

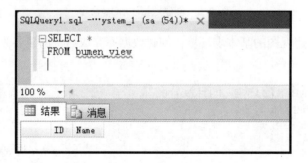

图 7-8　查看视图

因为任务中只是创建了"bumen"表的结构，没有添加数据，所以视图的结果中也没有数据，但是看到视图的结构与任务要求相同。

友情提醒：在 SSMS 中，修改视图的名称有两种比较简单的方法。（1）右击该视图，从弹出的菜单中单击"重命名"命令。（2）选中目标视图，然后再次单击，该视图的名称变成可输入状态，可以直接输入新的视图名称。

 相关知识

1. 什么是视图

通俗地说,视图就是将一个或多个表中的目标字段抽取出来形成的一个虚拟表。这个虚拟表和真实的表具有相同的功能。视图包含行和列,就像一个真实的表,其中的字段就是来自一个或多个真实表中的字段。可以向视图添加 SQL 函数、WHERE 以及 JOIN 语句,也可以提交数据,就像这些数据来自于某个单一的表。

2. 创建视图的语法

创建视图的语法比较简单,其核心是一段查询语句,语法格式为:

```
CREATE VIEW view_name
AS
SELECT column_name(s)
WHERE conditions
```

语句中每一项的含义如表 7-1 所示。

表 7-1 创建视图各子句的含义

序号	语法的子句	含义
1	CREATE VIEW	创建视图
2	view_name	视图名称
3	SELECT column_name(s)	选择返回的字段
4	FROM table_name	字段所在的表名
5	WHERE conditions	控制条件

3. 视图的类型

视图可以分为三大类:标准视图、索引视图和分区视图,如图 7-9 所示。

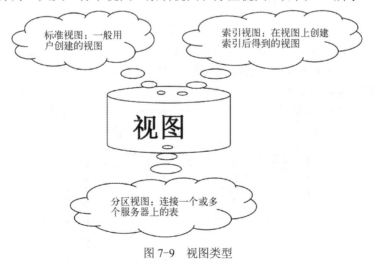

图 7-9 视图类型

1)标准视图。标准视图是应用最广泛的视图,一般由用户创建。对用户数据表进行查询、修改等操作的视图都是标准视图。

2）索引视图。一般的视图是虚拟的，并不是实际保存在磁盘上的表。索引视图是在视图上创建了索引并被物理化了的视图，该视图已经计算并记录在了磁盘上。

3）分区视图。分区视图是在一个或多个服务器间的水平连接一组成员表中的分区数据，使数据看起来就像来自一个表，可以分为本地分区视图和分布式分区视图。

4．视图的优点

（1）集中目标

数据库中的字段非常多，可是实际使用时，使用者的目光不可能放在全部数据上，用到的只是一部分。视图中只保存了用户感兴趣的数据。可以将分布在数据库各个表中的字段集中在一个表中使用和管理。

（2）简化操作

引入视图后，原本频繁的多表操作，就变成了对一个表的操作，用户再次使用这些表中的数据时，不再需要和多个表打交道，只要打开已经创建的视图即可。

（3）数据多样

视图中的数据来源于一个或多个表中，这些表中的数据经过视图处理，可以有千变万化的输出方式，从而实现数据的多样化。

（4）安全机制

如果管理员不希望数据库中的一部分基本表或者其中的一部分数据被其他用户访问，可以将允许访问的数据定义为视图，这种做法极大地增强了数据的安全性。

5．创建视图注意事项

1）一旦视图来源的基表被删除，视图就失去功能，不可再使用。

2）定义视图的时候引入的某一列是函数、数学表达式、常量或者来自多个表的同名列，必须为字段定义新的名称。

3）不能在视图上创建索引，不能在规则、默认、触发器的定义中引用视图。

4）使用视图查询数据时，系统要检查语句中涉及的所有数据库对象是否存在，并保证数据修改语句不能违反数据完整性规则。

5）视图的名称不能与数据库中任何表的名称相同。

【操作实例 7-1】 本操作实例实现将数据库中"File"表中本科学历员工的"DepartId""Name""Sex"和"Education"字段组成视图，分别使用图形方式和命令方式完成。

（1）使用图形方式创建视图

步骤1：启动SSMS，展开目标数据库"OASystem"节点，右击其中的"视图"子节点，从弹出的菜单中单击"新建视图（N）"命令，如图7-10所示。

图7-10 创建视图

步骤 2：执行步骤 1 后，弹出"添加表"对话框，在"表"选项卡中选择创建视图所需的表"File"，然后单击"添加"按钮，完成表的添加，如图 7-11 所示。

图 7-11　添加表

步骤 3：在激活的视图编辑窗体的关系图窗格中，选择创建视图所需字段，根据任务需求，选中"File"表中的"DepartId""Name""Sex"和"Education"字段，如图 7-12 所示。

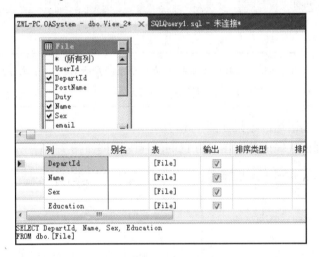

图 7-12　设定目标字段

步骤 4：在列窗格中，对视图进行详细设置。实例要求查询本科学历的员工资料，所以在"Education"字段后面的"筛选器"栏目中输入"本科"。任务不需要输出"Education"字段，将"Education"字段后面的"输出"复选框去掉勾选，如图 7-13 所示。

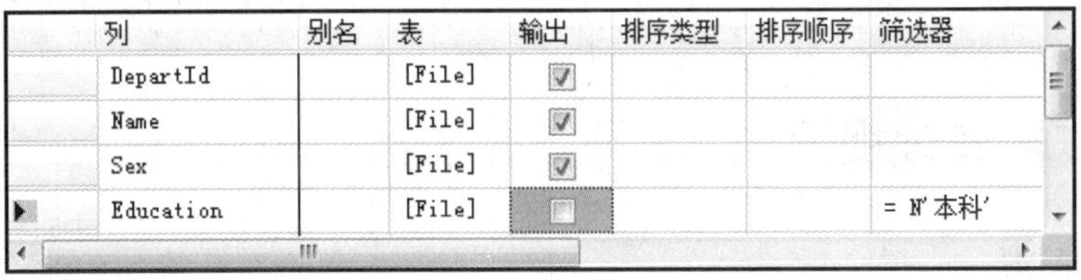

图 7-13　视图条件设置

步骤 5：确定视图设置完毕后，单击工具栏的“执行”按钮执行视图，得到执行结果，如图 7-14 所示。确认无误后，进行保存。

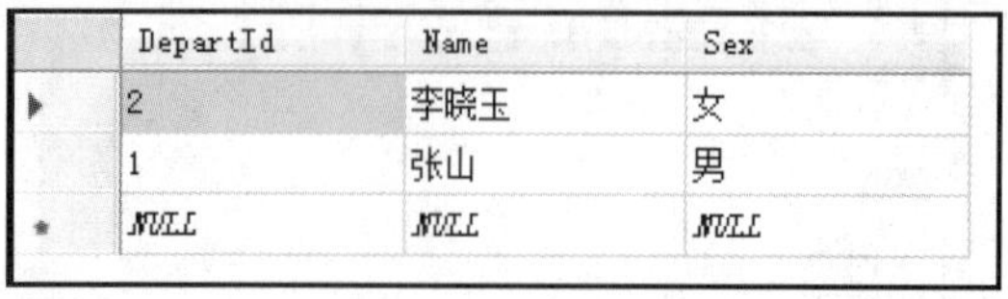

DepartId	Name	Sex
2	李晓玉	女
1	张山	男
NULL	NULL	NULL

图 7-14　视图执行结果

（2）使用命令方式创建视图

步骤 1：在查询编辑器窗口中输入创建视图命令。

```
CREATE VIEW 本科员工
AS
SELECT DepartId,Name,Sex,Education
FROM [File]
WHERE Education='本科'
```

友情提醒：因为表名“File”在数据库系统中是一个系统命令，所以在执行的过程中，需要强调此处是表名，而不是命令。强调方式是用[]将名字括起来。

步骤 2：执行上述语句，结果如图 7-15 所示。

步骤 3：对刚刚创建完成的视图进行查询，视图查询如图 7-16 所示。

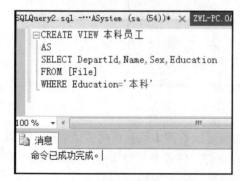

图 7-15　创建视图语句

	DepartId	Name	Sex	Education
1	2	李晓玉	女	本科
2	1	张山	男	本科

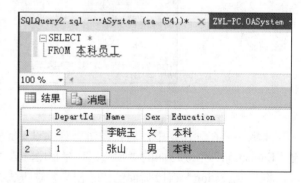

图 7-16　查询视图语句

7.2　任务二　管理视图

任务描述

任务名称：管理上个任务创建的视图，对其进行修改、删除和加密操作。

任务描述：视图在使用的过程中，可能会根据需要对其结构进行修改，因为视图本身只是存储在数据库系统中的一个架构，所以视图的修改就是这个架构的修改。

本任务主要是修改一个视图，以达到在查看员工信息的时候，只查看用户感兴趣的信息（UserID，PostName，Departid，Name）的目的。同时对视图进行删除和加密操作。

1．简要分析

对视图的管理，主要是对视图进行修改、删除的过程，此外加密也是视图管理的一项重要内容。视图的修改分为两种方式：图形化方式和命令行方式，但是不论使用何种方式，其修改的过程与创建的过程都十分相似。

2．实现步骤

1）使用图形化方式修改视图。
2）使用命令行方式修改视图。
3）删除视图。
4）加密视图。

1．使用图形化方式修改视图

步骤 1：打开编辑视图窗体。启动 SSMS，从目标数据库"OASystem"中的"视图"节点中找到目标视图"View_1"，右击"View_1"节点，从弹出的菜单中单击"设计"命令，打开视图编辑窗体，如图 7-17 所示。

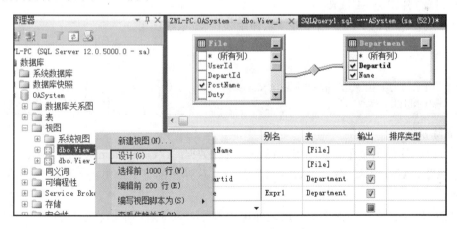

图 7-17　打开视图编辑窗体

步骤 2：修改设置。打开的"视图编辑窗体"与创建视图时完全一样，只要根据任务做出相应调整即可。在视图关系窗格中选择目标字段："UserID""PostName""Departid"和"Name"。修改后视图的结果如图 7-18 所示。

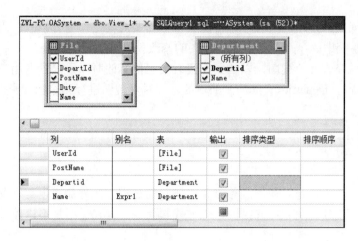

图 7-18　修改视图

步骤 3：查看、保存。设置结束后，查看视图结果，如图 7-19 所示。确认无误后，保存退出。

UserId	PostName	Departid	Expr1
1	干部	2	销售部
3	工人	5	生产车间
7	工人	5	生产车间
8	干部	1	财务部

图 7-19　视图修改后结果

2．使用命令行方式修改视图

修改视图的语句与创建视图的语句基本一致，只差在基本命令单词上，创建视图是 CREATE，修改视图是 ALTER。

在查询编辑器窗口中，根据任务要求使用视图修改语句。

```
ALTER VIEW view_1
AS
SELECT UserID,PostName,Departid,Name
FROM [File]
```

3．删除视图

步骤 1：删除视图命令。启动 SSMS，从目标数据库“OASystem”中的“视图”节点中找到目标视图“View_1”，右击“View_1”节点，从弹出的菜单中单击“删除”命令，如图 7-20 所示。

步骤 2：确认删除。步骤 1 执行后，弹出“删除对象”对话框。在对话框中单击“确定”按钮，完成删除。

4．视图加密

步骤 1：普通视图。首先查看未加密时视图的查询效果。在 SSMS 中打开目标数据库“OASystem”，从其中的“视图”节点中找到目标视图“View_1”，右击“View_1”节点，从弹出的菜单中可以看到“设计”命令是可以选择的，如图 7-21 所示。

图 7-20 删除视图

图 7-21 查看视图

步骤 2：加密视图。新建查询编辑窗体，首先输入和之前任务中相同的修改视图语句，然后在该语句的基础上，将 WITH ENCRYPTION 命令插入到 ALTER VIEW 子句和 AS 子句之间，如图 7-22 所示。

步骤 3：查看视图。视图一旦加密，在 SSMS 中就不能对其进行设计，其图标也与其他视图不同，显示一个小锁的标志。右击该视图节点，在弹出的菜单中"设计"命令为不可用，如图 7-23 所示。

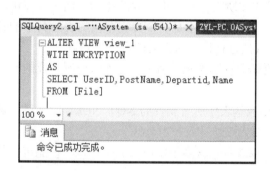

图 7-22 输入命令进行视图加密

图 7-23 "设计"命令不可用

相关知识

1．修改视图

修改视图的基本语法结构如下所示，对应子句的含义如表 7-2 所示。

ALTER VIEW view_name
AS
SELECT column_name
FROM table_name
WHERE conditions

157

表 7-2 修改视图各子句的含义

序号	语法的子句	含义
1	ALTER VIEW	修改视图
2	view_name	视图名称
3	SELECT colum_name	选择返回的字段
4	FROM table_name	字段来自的表名
5	WHERE conditions	控制条件

修改视图的命令与创建视图的命令基本一致，这里不再复述。

2．加密视图

视图创建好后，如果程序员不希望别人得到自己设计的视图结构，可以使用 SQL Server 2014 提供的视图加密功能。经过视图加密可以永久隐藏视图的创建代码文本。

在前面已经以实例的方式讲解了加密视图的创建方法，在定义视图名称的语句中输入 WITH ENCRYPTION 选项即可。

> 友情提醒：视图加密操作不可逆，加密视图后，无法再看到视图定义，所以无法再修改视图。如果必须修改加密视图，则必须删除重建新视图。

3．操作视图数据

视图的数据来源于表，对视图中数据的操作实质就是对表中数据的操作。通过视图可以向数据库表中插入数据、修改数据和删除数据。但视图并不是一个真实存在的表，其中的数据实际是分散在其他表中的，因此对视图中的数据进行操作时需要注意以下几点：

1）原表必须是可操作的。使用 INSERT 语句向视图中插入数据，必须保证所涉及的原表允许插入数据操作，否则操作会失败。

2）注意非空字段。如果视图中没有包括相应基表中所有属性为 NOT NULL 的字段，那么添加数据时会因为那些字段被填入 NULL 值而失败。

3）如果视图中包含使用统计函数的结果，或者是包含多个字段值的组合，则不能进行数据操作。

4）不能在使用了 DISTINCT、GROUP BY 或者 HAVING 语句的视图中操作数据。

5）如果创建视图的 CREATE VIEW 语句中使用了 WITH CHECK OPTION，那么所有通过视图进行操作数据的语句必须符合 WITH CHECK OPTION 中限定的条件。

4．删除视图

通过 DROP VIEW 命令来删除视图。基本语法如下。

```
DROP VIEW view_name
```

【操作实例 7-2】 修改和删除视图。本操作实例对上一操作实例中创建的"本科员工"视图进行修改和删除操作。修改操作要求视图由返回本科员工变为返回硕士员工的所有信息。分别使用图形化和命令行两种方式完成修改和删除。

（1）使用图形化方式修改视图

步骤 1：打开 SSMS，从目标数据库"OASystem"中找到上个操作实例所创建的视图"本科员工"，右击"本科员工"节点，在弹出的菜单中单击"设计"命令，打开视图编辑窗体，如图 7-24 所示。

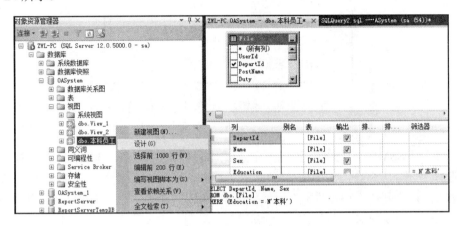

图 7-24　视图编辑窗体

步骤 2：修改设置。根据任务要求，在"Education"字段后的"筛选器"栏目中将"本科"改为"硕士"，或者在 SQL 窗格中将条件语句改为"WHERE （Education='硕士'）"。修改后的视图结果如图 7-25 所示。

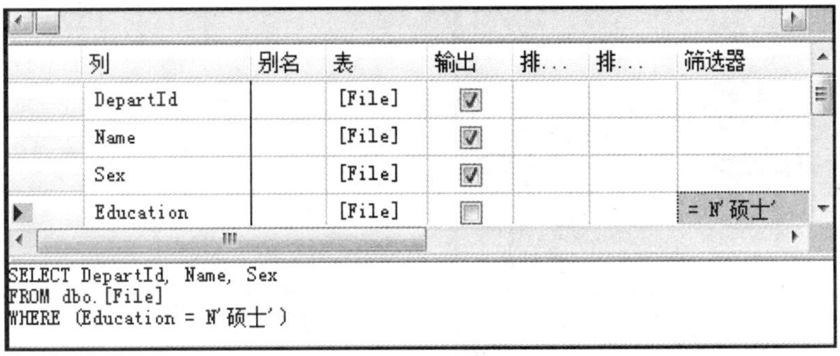

图 7-25　修改后的视图窗体

步骤 3：保存设置。设置完成后，保存退出。

（2）使用命令行方式修改视图

步骤 1：在查询编辑器窗口内输入修改视图语句。

```
ALTER VIEW 本科员工
AS
SELECT    DepartId, Name, Sex
FROM    [File]
WHERE    Education = '硕士'
```

步骤 2：执行结果如图 7-26 所示。

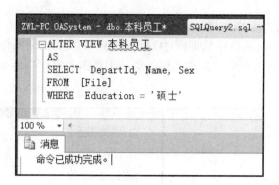

图 7-26 视图修改语句执行结果

（3）使用图形方式删除视图

步骤 1：从 SSMS 中找到实例创建的视图"本科员工"，右击"本科员工"节点，从弹出的菜单选择"删除"命令，如图 7-27 所示。

步骤 2：在打开的"删除对象"窗体中单击"确定"按钮，完成删除。

（4）使用命令方式删除视图

步骤 1：在查询分析器中输入视图删除命令。

```
DROP View 本科员工
```

步骤 2：执行结果如图 7-28 所示。

图 7-27 删除视图命令

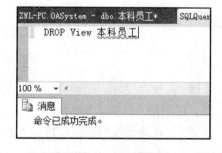

图 7-28 删除视图语句

7.3 MTA 微软 MTA 认证考试样题 7

样题 7-1

Yan 正在他的数据库管理课程中学习视图。他的老师解释说有两种方式创建视图：使用命令行语言 T-SQL（Transact-SQL）或通过图形设计器。Yan 想将他的新知识应用于他正在为母亲 CD 收藏创建的数据库项目。他已经明确他的应用程序的以下需求，并将使用 T-SQL 创建视图：

- 查看以字母顺序排序的所有 CD
- 报告包含某个曲目编号的所有 CD
- 创建不同艺术家的 CD 列表
- 计算所有 CD 的个数

1. 什么是视图和 T-SQL 在此项目中的最佳应用？
   a. 创建单独视图以包含每个请求的信息
   b. 为列表中的每个需求创建新表
   c. 购买更多 CD 时将数据添加到现有表

2. 以下哪一项是使用视图的重要好处？
   a. 允许用户直接访问表中的数据
   b. 降低应用程序和数据库的存储需求
   c. 用于表示总和数据

3. 哪个代码段创建的视图包含拥有超过 10 个曲目的所有 CD 的标题、艺术家和年份？
   a. CREATE VIEW CD_More_than_10 AS SELECT CD_Title, CD_Art- CD_Year FROM CD_Collection WHERE Tracks > 10
   b. CREATE TABLE CD_More_than_10 AS SELECT CD_Title, CD_ArtistCD_Year FROM CD_Collection WHERE Tracks > 10
   c. CREATE VIEW AS CD_More_than_10 FROM CD_Collection WHERE Tracks > 10

样题 7-2

Yan 使用 T-SQL 创建的视图对他的母亲非常有用。她可以方便地使用，也可在多种方式排序的列表中找到收藏的 CD。这是如此的便利，比在房间地板上垒出几堆 CD 容易很多。

既然 Yan 有了使用命令方式创建视图的经验，现在他想使用图形设计器创建相同的查询。两种途径的实践肯定都会有助于他通过认证考试。

1. 诸如 JetSQL 这样的图形设计器与 T-SQL 有何不同？
   a. 图形设计器使用命令行接口
   b. 图形设计器是面向对象的
   c. 图形设计器仅用于 SQL Server 数据库

2. 确定在使用 JetSQL 的 Access 中创建视图的步骤的正确顺序：
   a. 创建查询，标识源表和/或查询，选择字段，设置条件，运行，然后显示
   b. 创建查询，标识数据字段，选择表，设置条件，运行，然后显示
   c. 创建查询，标识条件，选择表，选择字段，运行并显示

3. 必须指定其他什么标准才能按字母顺序检索所有 CD？
   a. ORDERBY
   b. WHERE
   c. SELECT

本章小结

本章主要介绍了视图的概念、创建方法、修改方法和删除方法。作为数据库中非常重要的对象,用户必须掌握视图常见的管理方法和基本知识,主要包括视图的概念和作用,使用图形化和命令行两种方式创建视图、查看视图、修改和删除视图。全章以实例导航、项目引领,从一个最浅显的操作实例切入了视图知识的讲解,最后通过相关知识的讲解,全面完成本章的任务。

课后习题

一、填空题

1. 视图是一个虚表,其数据实际是来源于( )中。
2. 在 SQL 语句中,使用( )命令创建视图。
3. 在 SQL 语句中,使用( )命令修改视图。
4. 在 SQL 语句中,使用( )命令删除视图。
5. 在 SQL 语句中,使用( )命令查看视图中数据。
6. 在创建视图的过程中,WITH CHECK OPTION 的作用是( )。
7. 视图的主要优点之一是可以( )用户的操作,使得一些经常进行的查询变得简单。
8. 视图中最多只能从基本表中引用( )字段。
9. 视图可以分为三大类:( )、索引视图和分区视图。
10. 视图的创建和管理通常有( )和( )两种方式。

二、选择题

1. 关于视图说法错误的是( )。
   A. 视图中的数据并不存放于视图中　　B. 视图中的数据不可以修改
   C. 视图中的数据实际是来源于表　　　D. 视图的数据可以来源于多个表
2. 删除视图 VIEW1 的语句应该是( )。
   A. DROP VIEW1　　　　　　　　　　B. ALTER VIEW1
   C. DROP VIEW VIEW1　　　　　　　 D. ALTER VIEW VIEW1
3. 如果执行下列命令,结果会出现错误,原因是( )。

```
CREATE VIEW VIEW1
AS
Select * from [File] where Sex='男' order by Name
```

   A. 表名使用了[]　　　　　　　　　　B. 没有使用 WITH CHECK OPTION 选项
   C. 创建视图不能包含排序命令　　　　D. 创建视图不能包含条件
4. 关于视图中数据操作说法中,错误的是( )。
   A. 在视图中修改数据,对于基本表中的数据是没有作用的
   B. 视图中的数据已经修改,表中的也会修改

C．视图中的数据在修改的过程中，也受到表中约束的限制

D．视图中的数据一旦被删除，就不能恢复了

5．以下关于视图的描述中，错误的是（　　）。

A．视图不是真实存在的基础表，而是一张虚表

B．当对通过视图看到的数据进行修改时，相应的基本表的数据也要发生变化

C．在创建视图时，若其中某个目标列是聚合函数时，必须指明视图的全部列名

D．在一个语句中，一次可以修改一个以上的视图对应的基表

6．在 SQL 中，CREATE VIEW 语句用于建立视图。如果要求对视图更新时必须满足于查询中表达式，应当在该语句中使用（　　）短语。

A．WITH UPDATE   B．WITH INSERT

C．WITH DELETE   D．WITH CHECK OPTION

7．数据库中只存放视图的（　　）。

A．操作   B．对应的数据

C．定义   D．限制

8．SQL 的视图可以从（　　）基础上创建。

A．基本表   B．视图

C．基本表或视图   D．数据库

9．在视图上不能完成的操作是（　　）。

A．更新数据   B．查询数据

C．在视图上创建表   D．在视图上创建视图

10．视图在很多情况下都需要删除，下列哪种情况需要删除视图（　　）。

A．视图的名称发生了变化   B．视图中的数据发生了变化

C．视图中的条件发生了变化   D．用户不再需要

三、判断题

1．视图内的数据实际上就是表中的，所以一旦在视图内修改了数据，表中的也会做出相应修改。　　　　　　　　　　　　　　　　　　　　　　　　　　　　　（　　）

2．视图可以和表一样直接用来查询数据。　　　　　　　　　　　　　（　　）

3．视图是数据库中非常重要的对象，不可或缺。　　　　　　　　　　（　　）

4．创建视图的同时，其中的数据就被保存到视图中了。　　　　　　　（　　）

5．视图可以简化用户操作，提高数据库的安全性。　　　　　　　　　（　　）

6．通过创建视图，可以使不同的用户通过不同的视角去看同一个表格。（　　）

四、编程题

1．使用图形方式创建一个视图，显示"File"表中所有男职工的"Name""Duty"。

2．使用命令方式完成上题任务。

3．将第 1 题中创建的视图修改为女职工信息，用图形化方式和命令行方式都可以。

4．删除上述视图。

第 8 章　数据完整性

内容摘要

保证数据库中数据的准确性是十分重要的工作,一旦数据不再正确,也就失去了存在的价值,对用户来说损失可能是不可估量的。在数据库管理系统中,保证数据的准确性首先要从保证数据的完整性做起,通过各种约束机制的制定可以使得数据库中的数据获得全方位的保护。

本章要点

数据完整性就是通过各种各样的完整性约束来保证数据库中的数据值保持正确的状态,以防由于数据值不正确而导致的严重后果。

1. 掌握规则约束的创建与管理。
2. 掌握 PRIMARY KEY 约束的创建与管理。
3. 掌握 FOREIGN KEY 约束的创建与管理。
4. 掌握其他约束的创建与管理。

8.1 任务一 规则的创建与管理

任务描述

任务名称：规则的创建与管理。

任务描述：规则，就是规定出来供大家共同遵守的制度或章程。那什么是数据库规则呢？简单地说，数据库规则就是对数据库中某一字段的数据值进行约束，让这一字段的所有数据都在规定的范围内。在 SQL Server 数据库中，规则分为数据库级规则和表级规则，二者的区别在于应用的范围。

本任务就是为"OASystem"实例数据库中的某一字段创建一个规则，让这一字段的所有数据值都遵守这一规则。

任务分析

1．简要分析

存储在数据库中的数据分为很多类型，有的数据不需要任何的限制，但是有的数据就需要通过一些手段去限制其值的范围。规则就是用来限定这些数据的值，保证数据的完整性和正确性。本任务分别使用数据库级规则和表级规则来实现此功能。

2．实现步骤

1）创建并管理数据库级规则。
2）创建并管理表级规则。

**任务实现**

1．创建并管理数据库级规则

（1）创建规则

步骤 1：打开"OASystem"数据库。单击工具栏中的"新建查询"按钮，新建查询编辑器窗体，并设置当前数据库为"OASystem"数据库，如图 8-1 所示。

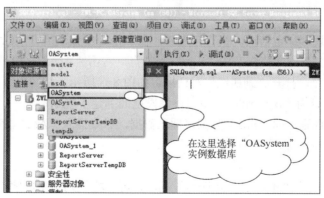

图 8-1 选择"OASystem"数据库

步骤 2：创建规则。在查询编辑器窗口中输入如下代码。

```
CREATE RULE Age_rule AS @Age >18        --创建一个限定年龄大于 18 的规则
```

然后单击 SSMS 工具栏中的"执行"按钮。

> **友情提醒**：创建约束语句中最重要的部分就是表达式的书写。表达式中的变量必须以@开头，而变量的名称最好能体现自身的内容。

步骤 3：查看规则。刷新"OASystem"数据库，打开"OASystem"数据库节点，在其中的"可编程性"子节点中找到"规则"节点，可以看到刚才创建的名为"Age_rule"的规则，如图 8-2 所示。

图 8-2　查看 Age_Rule 规则

步骤 4：规则绑定。规则建立成功后，需要将规则与数据表中的目标字段绑定在一起。单击工具栏中的"新建查询"按钮，在查询编辑器窗口中输入如下代码并执行。

```
EXEC sp_bindrule Age_Rule,'File.Age'        --将 Age_rule 绑定到 File 数据表中的 Age 字段
```

> **友情提醒**：EXEC 是调用存储过程命令，如果单独执行这条命令，EXEC 可以省略。sp_bingdrule 是绑定约束的系统存储过程。

步骤 5：查看规则绑定情况。执行完成后，在 SSMS 中依次展开"OASystem"→"表"→"File"→"列"节点，找到字段"Age"子节点，右击"Age"字段节点，从弹出的菜单中单击"属性"命令，打开"列属性"对话框，如图 8-3 所示。从图中可以看到，"规则"一栏后面的文本框内容为"Age_rule"，说明该字段已经绑定了规则。

步骤 6：验证规则。向"File"数据表插入数据，如果插入"Age"字段的值小于 18，系统会弹出错误提示框，如图 8-4 所示。

（2）解除绑定

如果绑定规则的字段不再需要此规则限制，则可以将规则与字段解除绑定，以取消字段的限制条件。规则解除后，规则仍存在于数据库中，只是不再与字段有关联。

图 8-3 "列属性"对话框　　　　　　　　图 8-4 错误提示框

单击工具栏中"新建查询"按钮，在查询编辑器窗口中输入如下代码并执行。

```
sp_unbindrule 'File.Age'        --解除 File 数据表中 Age 字段绑定的规则
```

> **友情提醒**：解除绑定的命令与绑定的命令只差"un"两个字母，也就是反义的意思，便于大家记忆。

（3）删除规则

如果数据库不再需要某个规则，则可将该规则删除。打开 SSMS，依次展开"OASystem"→"可编程性"→"规则"节点，找到规则"Age_rule"子节点，右击规则"Age_rule"子节点，从弹出的菜单中单击"删除"命令，打开"删除对象"对话框，如图 8-5 所示。单击"确定"按钮，删除"Age_rule"规则。

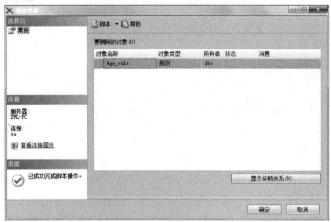

图 8-5 "删除对象"对话框

> **友情提醒**：当要删除的约束与字段处于绑定状态时，不能删除此约束。只有解除约束绑定后，才能进行删除操作。

2．表级规则

因为表级规则直接作用于字段，所以不存在后期绑定与解除问题，创建的同时直接与字段绑定。

（1）使用图形方式创建规则

步骤1：在SSMS中，打开目标数据表"File"节点，右击"约束"子节点，从弹出的菜单中单击"新建约束"命令，打开"CHECK约束"对话框，如图8-6所示。

步骤2：单击"常规"栏中"表达式"文本框右侧的打开按钮，打开"CHECK约束表达式"对话框。在"表达式"文本框中输入"Age>18 and Age<60"，如图8-7所示。

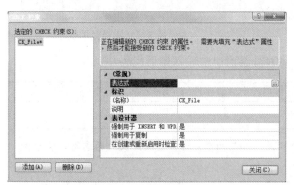

图8-6 "CHECK约束"对话框

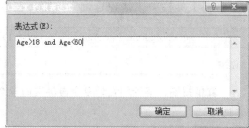

图8-7 "CHECK约束表达式"对话框

步骤3：依次关闭对话框和窗体，并保存表的修改，这样"File"数据表中"Age"字段就创建了CHECK约束，规定其数据值在18到60之间。

（2）使用命令方式创建规则

步骤1：创建表的同时创建规则。在使用语句创建表的同时，可以直接将规则命令加在目标字段的后面。例如，新建"File4"数据表，并规定"Age"字段的值在18到60岁之间。打开查询编辑器窗口，输入如下语句。

```
CREATE TABLE File4
(ID int,
    Age int CHECK(Age>18 and Age<60)
)
```

步骤2：为已存在的表创建规则。如果为已存在的数据表中字段设置规则，需要使用修改表结构命令。例如设定"File"数据表中"Age"字段的值在18到60岁之间。打开查询编辑器窗口，输入如下代码。

```
ALTER TABLE File
ADD CONSTRAINT Check_Age CHECK(Age>18 and Age<60)
```

1. 数据完整性

数据完整性（Data Integrity）是指数据的可靠性（Reliability）和精确性（Accuracy）。它可以防止数据库中存在不符合语义规定或者各种规则的数据，可以防止因错误信息的输入、输出造成无效操作或错误信息。

2. 数据完整性的分类

1）实体完整性：实体完整性将记录（行）定义为特定表的唯一实体，即每一行数据都反映不同的实体，不能存在相同的数据行。通过索引、UNIQUE（唯一）约束、PRIMARY KEY（主键）约束、标识列属性（IDENTITY）来实现实体完整性。

2）域完整性：是指数据表中的字段必须满足某种特定的数据类型或约束。域完整性通常使用有效性检查来实现，还可以通过数据类型、格式和有效的数据范围等来实现。

3）引用完整性：是指相关联的两个表之间的约束，具体地说，就是外键表中每条外键记录的值必须是主键表相应字段中存在的数据。因此，如果在两个表之间建立了关联关系，则对一个关系进行的操作要影响到另一个表中的记录。

4）用户定义完整性。用户定义完整性用来定义特定的规则，是数据库中用户根据自己的需要而实施的数据完整性要求。用户定义完整性可通过自定义数据类型、规则、存储过程和触发器来实现。

3. 实现数据完整性的方法

SQL Server 提供了一些帮助用户实现数据完整性的工具，其中最常用的有：规则、默认值和触发器等。上一个任务介绍了如何使用规则实现数据完整性，接下来的几个任务将介绍如何使用其他约束实现数据完整性。使用触发器实现数据完整性将在第 10 章详细介绍。

4. 数据库级和表级规则

数据库中的这两级规则主要的区别在于作用的范围不同。数据库级规则创建于数据库中，创建时与任何的表和字段没有关系，需要用户绑定到指定的字段中。一个数据库级规则可以绑定多个字段，对这些字段起到规范的作用。表级规则创建于表中，创建时就必须指定目标字段，也只对这一个字段起到规范的作用。

【操作实例 8-1】 本操作实例要求分别使用数据库级和表级规则来规范性别字段的数值，要求 "Sex" 字段中只能有男和女两种数据。

（1）使用数据库级规则

步骤 1：创建数据库级规则。首先在 SSMS 中将当前数据库设置为 "OASystem"，然后在查询编辑器窗口中输入创建规则命令。

```
CREATE RULE Sex_Rule AS @Sex in('男','女')
```

执行后完成规则的创建。

步骤 2：绑定规则。将刚才创建的规则绑定到目标字段中。在查询编辑器窗口中输入绑定规则命令。

```
EXEC sp_bindrule Sex_Rule,'File.Sex'
```

步骤 3：解除绑定。如果不再需要该规则来规范"Sex"字段的数值，则可以解除绑定。解除并不是删除规则。

```
EXEC sp_unbindrule 'File.Sex'
```

步骤 4：删除规则。规则一旦失去作用，可以删除。

```
DROP RULE Sex_Rule
```

（2）使用表级规则

步骤 1：在 SSMS 中，打开目标数据表"File"节点，右键单击"约束"子节点，从弹出的菜单中单击"新建约束"命令，打开"CHECK 约束"对话框，如图 8-8 所示。

步骤 2：单击"常规"栏中"表达式"文本框右侧的"打开"按钮，打开"CHECK 约束表达式"对话框。在"表达式"文本框中输入约束"Sex in ('男','女')"，如图 8-9 所示。

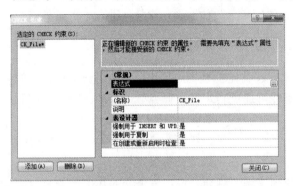

图 8-8 "CHECK 约束"对话框

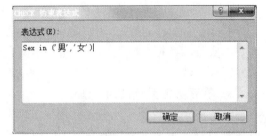

图 8-9 "CHECK 约束表达式"对话框

依次关闭对话框，并保存表的修改，这样"File"数据表中"Sex"字段就创建了 CHECK 约束，规定其数据要么是男，要么是女。

步骤 3：删除规则。如果规则不再需要，可以删除。首先按照上面的步骤打开如图 8-10 所示的"CHECK 约束"对话框。然后选中上面创建的规则"CK_File"，单击对话框下方的"删除"按钮，依次关闭对话框，并保存表的修改，完成删除。

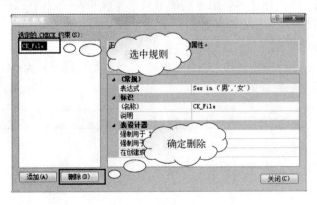

图 8-10 删除规则

8.2 任务二 PRIMARY KEY 约束

 任务描述

任务名称：PRIMARY KEY 约束。

任务描述：PRIMARY KEY 约束，又称主键约束。主键约束，顾名思义就是主要的、关键的约束。那么为什么要在表中建立主键约束呢？前面介绍过主键是表中的一个或多个字段，它的值用于唯一地标识表中的某一条记录。本任务将介绍如何创建主键约束。

 任务分析

1. 简要分析

主键是一种唯一关键字，是表定义的一部分。一个表只能有一个主键，并且主键的字段不能包含空值，也不能重复。

2. 实现步骤

1）使用图形方式创建主键约束。
2）使用命令方式创建主键约束。

 任务实现

1. 使用图形方式创建主键约束

步骤 1：打开表编辑窗体。在 SSMS 中，打开目标数据库 "OASystem" 节点，找到目标数据表 "File"。右键单击 "File" 表节点，在弹出的菜单中单击 "设计" 命令，打开数据表结构设计窗体。

步骤 2：设置主键。右击 "列名" 栏目中的 "ID" 字段，在弹出的菜单中单击 "设置主键" 命令，完成主键的创建，如图 8-11 所示。

步骤 3：删除主键。如果要取消已设置主键字段的主键约束，则右键单击该主键字段，从弹出的菜单中单击 "删除主键" 即可，如图 8-12 所示。

2. 使用命令方式创建主键约束

步骤 1：创建表时设置主键。在使用命令方式创建数据表时，可以直接为指定字段创建主键约束。例如在创建 "File2" 数据表时，直接为 ID 字段设定主键约束。在查询编辑器窗口中输入如下代码。

```
CREATE TABLE File2
(
ID int Primary key
)
```

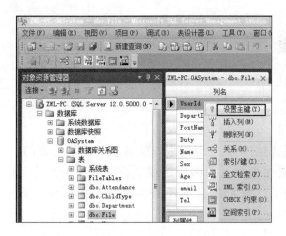

图 8-11　设置主键　　　　　　　　　图 8-12　删除主键

步骤 2：在已有表中创建主键。如果在已经创建完成的数据表中指定主键约束，需要修改表的结构。例如在已创建的"File2"数据表中为"ID"字段创建主键约束，在查询编辑器窗口中输入如下代码。

```
ALTER TABLE File2
ADD CONSTRAINT tb_PRIMARY   PRIMARY KEY CLUSTERED(ID)
```

友情提醒：因为主键具有唯一性和非空性，所以如果是在已经建好的表中创建主键，一定要保证创建主键的列中没有重复数据，也没有空值，否则会因为违反实体完整性而被系统拒绝创建。

相关知识

1. 什么是主键

主键是 SQL Server 数据库中能够唯一标识数据表中的每个记录的字段或者字段的组合。在主键中，不同的记录对应的字段取值不能相同（唯一性），也不能是空白（非空性）。通过这个字段中不同的值可以区别表中各条记录。例如区别不同的人时，会使用身份证号来进行区别。数据表中作为主键的字段就要像人的身份证号一样，必须是每个记录中的值都不相同，这样才能根据主键的值来确定不同的记录。

主键可以唯一识别一个表的每一行记录，但这只是其作用的一部分。主键的另一个作用是将记录和存放在其他表中的数据进行关联。在这一点上，主键是不同表中各记录的简单指针。

2. PRIMARY KEY 约束注意事项

1）一个表只能包含一个 PRIMARY KEY 约束。

2）由 PRIMARY KEY 约束生成的索引不会使表中的非聚集索引超过 999 个，聚集索引超过 1 个。

3）如果没有为 PRIMARY KEY 约束指定 CLUSTERED 或 NONCLUSTERED，并且没有

为 UNIQUE 约束指定聚集索引，则将对该 PRIMARY KEY 约束使用 CLUSTERED。

4）在 PRIMARY KEY 约束中定义的所有字段都必须定义为 NOT NULL。如果没有指定为 NOT NULL，则加入 PRIMARY KEY 约束的所有字段的 NULL 值属性都将设置为 NOT NULL。

3．建立主键应遵循的原则

1）主键应当是对用户没有意义的。主键只是用来唯一地标识一行数据的，最好不使用某一具有实际含义的字段作为主键。

2）永远不要更新主键。实际上，因为主键除了唯一地标识一行之外，再没有其他的用途，所以没有理由对它更新。如果主键需要更新，则说明主键应对用户无意义的原则被违反了。

> **友情提醒**：这项原则对于那些经常需要在数据转换或多数据库合并时进行数据整理的数据，并不适用。

3）主键不应包含动态变化的数据，如时间戳、创建时间字段、修改时间字段等。

4）主键应当由计算机自动生成。如果人对主键的创建进行干预，就会使它带有除了唯一标识一行以外的意义。一旦越过这个界限，就可能产生修改主键的动机。这种用来链接记录行、管理记录行的关键手段被不了解数据库设计的人员使用时，可能会产生意想不到的严重后果。

【**操作实例 8-2**】 创建主键。本操作实例实现对数据表创建主键的任务。分别使用图形化方式和命令行方式完成主键的创建。

运行下列命令，在数据库中创建实例环境表"User2"。

```
CREATE TABLE User2
(
ID int,
Name char(8),
Password varchar(18)
)
```

要求在该表中 ID 字段上创建主键。

（1）使用图形化方式创建主键

在 SSMS 中，打开目标数据库"OASystem"节点，找到目标数据表"User2"子节点。右击"User2"表节点，在弹出的菜单中单击"设计"命令，进入数据表结构设计窗体，右击"ID"字段，在弹出的菜单中单击"设置主键"命令。

（2）使用命令行方式创建主键

在查询编辑器窗口中输入如下代码。

```
ALTER TABLE User2
ADD CONSTRAINT User_PRIMARY   PRIMARY KEY CLUSTERED(ID)
```

8.3 任务三 FOREIGN KEY 约束

 **任务描述**

任务名称：FOREIGN KEY 约束。

任务描述：FOREIGN KEY 约束，又称外键约束。通俗地说，外键约束就是实现表与表之间关联的约束，通过实现表与表之间的关联，确保数据的完整性和一致性。本任务将介绍如何使用图形化方式和命令行方式创建 FOREIGN KEY 约束。

 任务分析

1．简要分析

在数据库设计过程中，通常会遇到两个不同数据表中某些字段之间存在一定关联的情况。也就是说在不同的表中，会分别存在一个具有相同含义的字段，而且其中一个字段的值获取于另一张数据表中对应的字段。这时就需要将获取数据的字段设置为外键，并与被获取数据的字段建立关联。

2．实现步骤

1）使用图形化方式创建外键。

2）使用命令行方式创建外键。

 任务实现

1．使用图形化方式创建外键

步骤 1：打开"外键关系"对话框。在 SSMS 中，依次展开"OASystem"→"表"→"File"节点，找到"键"子节点，右击"键"子节点，在弹出的菜单中单击"新建外键"命令，打开"外键关系"对话框，如图 8-13 所示。

步骤 2：打开"表和列"对话框。在"外键关系"对话框的"常规"栏中，单击"表和列规范"文本框右侧的"打开"按钮，打开"表和列"对话框，如图 8-14 所示。

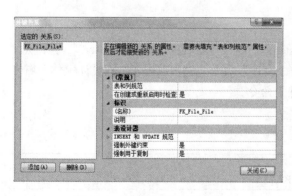

图 8-13 "外键关系"对话框

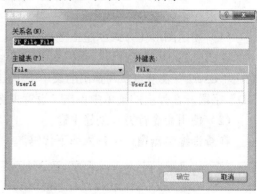

图 8-14 "表和列"对话框

步骤 3：设置外键。从弹出的"表和列"对话框中设置主、外键表及对应字段。在"主键表"下拉框中选择"Users"数据表，在下方的字段列表中选择"UserID"字段。"外键表"下拉框已经默认为打开的"File"表，所以只需要设定下方的字段为"UserID"字段，如图 8-15 所示。单击"确定"按钮，完成设置。

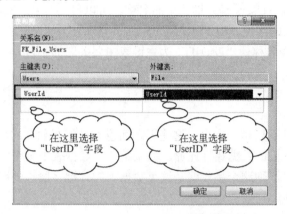

图 8-15 "表和列"对话框

> **友情提醒**：在图 8-15 中可以看出，外键表下拉框是不可用的，也就是不能更改的，所以在设置主外键关系时，一定需要在外键表中设置。

步骤 4：保存、查看。关闭"外键关系"对话框，在表编辑窗体中单击工具栏上的"保存"按钮。打开基本表"File"节点，单击"键"子节点，可以看到刚才创建的外键约束，如图 8-16 所示。

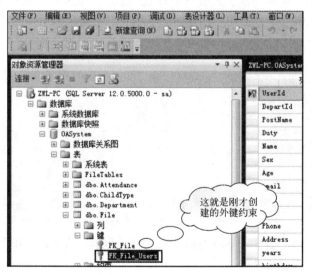

图 8-16 查看外键约束

2．使用命令行方式创建外键

除了使用图形化方式创建外键外，还可以使用命令行方式创建外键。例如，在查询编辑

175

器窗口中输入如下代码，将上述外键通过命令行方式创建。

```
ALTER TABLE File
ADD CONSTRAINT FK_File_Users FOREIGN KEY(UserID) REFERENCES Users(UserID)
```

上述代码中 FK_File_Users 是外键约束的名称，可以自己命名。FOREIGN KEY(UserID) 是指定要设置外键约束的字段。REFERENCES Users (UserID)是设置的主键表和主键表字段，其中"Users"为主键表名称，"UserID"为主键表中要关联的字段。

 相关知识

1．什么是外键？

在数据库中，常常不只是一个表，这些表之间也不是相互独立的，不同的表之间需要建立一种关系，才能将它们的数据相互连通。如果某一个数据表中某个字段的实质内容是另一个数据表中的主键字段，则这个字段就是这个数据表的外键字段。外键约束主要用来维护两个表之间数据的一致性。

2．什么是主键表？什么是外键表？

1）主键表：在两个相关联的数据表中，主键字段所在的表，通常称为主键表。
2）外键表：在两个相关联的数据表中，外键字段所在的表，通常称为外键表。

3．建立外键应遵循的原则

1）为关联字段创建外键。
2）所有的主键都必须唯一。
3）避免使用复合键。
4）外键总是关联唯一的键字段。

【操作实例 8-3】 本操作实例实现两个表之间创建外键关系，分别使用图形化方式和命令行方式完成。首先执行下列语句，创建两个基本表，搭建示例所需的数据库环境。

```
CREATE TABLE Type
(ID int PRIMARY KEY,
TypeName char(8)
)
GO
CREATE TABLE Book
(ID int PRIMARY KEY,
BookType int,
BookName varchar(20)
)
GO
```

实例要求将"Book"表中"Booktype"字段与"Type"表中的"ID"字段建立关联。

（1）使用图形方式创建外键

步骤1：打开 SSMS。依次展开"OASystem"→"表"→"Book"节点，找到"键"子节点，右击"键"子节点，从弹出菜单中单击"新建外键"命令，打开该表的"外键关系"窗体，如图8-17所示。

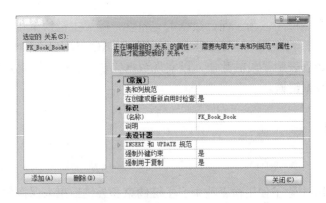

图 8-17 "Book"表的设计窗体

步骤 2:在对话框的"常规"栏中,单击"表和列规范"文本框右侧的"打开"按钮,打开"表和列"对话框,如图 8-18 所示。

步骤 3:设置主、外键表及对应字段。在"主键表"下拉框中选择"Type"数据表,在下方的字段列表中选择"ID"字段。从外键表下方的下拉框中选择"BookType"字段,如图 8-19 所示。

图 8-18 "表和列"对话框

图 8-19 主外键的设置

步骤 4:依次关闭"表和列"及"外键关系"对话框,保存基本表设置。
(2)使用命令方式创建外键
在查询编辑器窗口中输入如下代码。

```
ALTER TABLE Book
    ADD CONSTRAINT FK_File_Type FOREIGN KEY(BookType) REFERENCES Type(ID)
```

8.4 任务四 其他约束

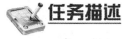

任务名称:创建数据库的其他约束。

任务描述：在数据库中，为了保证数据的完整性，除了主键约束和外键约束以外，还有默认约束（DEFAULT）、检查约束（CHECK）、非空约束（NOT NULL）和唯一约束（UNIQUE）。这些约束都是限定数据表中字段的数值，以实现数据完整性。防止因限定条件不正确或者没有限定条件而导致数据错误。

1．简要分析

SQL Server 2014 中除了使用检查约束、主键约束和外键约束来保持数据完整性以外，还有一些其他约束作为限制数据值的条件，以保持数据的完整性、正确性。接下来将介绍以下几种约束，即默认约束、检查约束、非空约束和唯一约束。

2．实现步骤

完成本任务需要经过以下步骤：

1）思考这几种约束分别实现怎样的功能？
2）掌握创建这几种约束的方法。
3）思考在什么情况下使用这几种约束？

1．默认约束（DEFAULT）

步骤 1：右击"File"数据表节点，从弹出的菜单中单击"设计"命令，打开"File"数据表结构菜单，如图 8-20 所示。

图 8-20 "File"数据表结构

步骤 2：选择"Nation"字段，在窗体下方"列属性"窗格的"常规"栏中找到"默认值或绑定"项，在对应的文本框中输入"汉族"，如图 8-21 所示。这样就为"File"数据表中的"Nation"字段设置了默认值为"汉族"。

图 8-21 为"Nation"字段设置默认值

步骤 3：使用命令行方式创建表的同时创建默认值。在创建表的同时，可以直接在某个字段的后面注明默认值。例如为"File3"数据表中"Nation"字段设置默认值为"汉族"，代码如下所示。

```
CREATE TABLE File3
(
    ID int,
    Nation nvarchar(50) DEFAULT '汉族'
)
```

步骤 4：为已创建好的数据表中未设置默认值字段设置默认值。需要使用修改表语句。例如，为"File3"数据表中的"Nation"字段设置默认值为"汉族"，代码如下：

```
ALTER TABLE File3
ADD CONSTRAINT Dafult_NT DEFAULT '汉族' FOR Nation
```

2. 非空约束（Not Null）

步骤 1：在 SSMS 中，右击目标表"Users"节点，从弹出的菜单中单击"设计"命令，打开"Users"数据表编辑窗体，如图 8-22 所示。

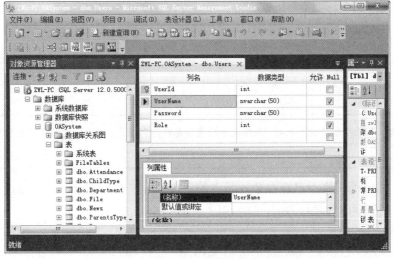

图 8-22 "Users"数据库结构

步骤 2：在每个字段后边有一个"允许 Null"栏目，可以设置每个字段是否允许空值。如果某个字段的该选项处于选中状态，则表明此字段值可以为空；如果没有选中，则表明此字段不可以为空。

设置"User"表的"UserID""UserName"字段值不允许为空；"Password""Role"字段值可以为空，如图 8-23 所示。

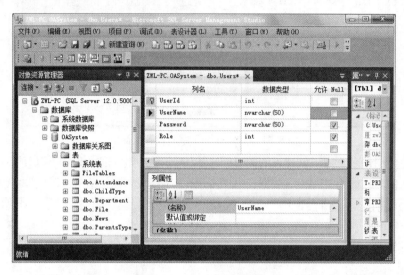

图 8-23　修改后的"Users"数据库结构窗口

步骤 3：使用命令创建数据表管理字段。创建表的同时，可以直接设置某个字段的非空性。例如，在创建"Users"表时，指定"UserID""UserName"字段值不允许为空，"Password""Role"字段值可以为空，代码如下所示。

```
USE OASystem
CREATE TABLE Users
(
    UserID int not null,
    UserName nvarchar(50) not null,
    Password nvarchar(50) null,
    Role int null
)
```

友情提醒：如果在创建数据表时，未指定字段是否允许为 NULL，则系统自动将其设置为 NULL（允许为空）。

步骤 4：使用语句修改已存在数据表中的字段的非空性。例如将"Users"数据表中的"UserName"字段修改为允许为空，代码如下所示。

```
ALTER TABLE Users
ALTER COLUMN UserName nvarchar(50) Null
```

3．唯一约束（Unique）

唯一约束通常只使用语句方式完成。

步骤1：在创建数据表时，指定某一字段是唯一的。例如，将"Users"表中的"UserName"字段设置为唯一字段，代码如下所示。

```
USE OASystem
CREATE TABLE Users
(
    UserID int not null,
    UserName nvarchar(50) not null unique,
    Password nvarchar(50) null,
    Role int null
)
```

步骤2：将已存在数据表中的某一字段指定为唯一字段。例如，将"Users"表中"Password"字段指定为唯一字段，代码如下所示。

```
ALTER TABLE Users
ADD CONSTRAINT Unique_Password UNIQUE(Password)
```

相关知识

1．DEFAULT 约束、NOT NULL 约束、UNIQUE 约束

1）DEFAULT 约束：即默认约束，是指为数据表中的某些字段设置默认值。如果在向数据表中插入一行数据时，没有指定该字段的具体数值，则系统将设置的默认值自动插入到该字段中。

2）NOT NULL 约束：即非空约束，是指在数据表中指定某些字段不可以为空值。向数据表中插入数据时，如果未向含有 NOT NULL 约束的字段中插入数据，则 SQL Server 会提示错误信息。

3）UNIQUE 约束：即唯一约束，是指在数据表中某些字段的值不可以重复。

主键约束与唯一约束的区别如下：

- 唯一约束可以确保在非主键列中不输入重复的值。
- 在一个数据表中可以定义多个唯一约束，但只能定义一个主键约束。
- 唯一约束可以允许其字段值为 NULL，但主键约束不可以为 NULL。
- 外键约束可以引用唯一约束。

【操作实例 8-4】 完成数据库的其他约束设置。本操作实例实现数据库中其他约束的设置。目的是完成对数据库完整性约束的补充。本实例需要完成以下任务：

- 为"File"表中的"Sex"字段创建默认值"男"。
- 为"File"表中的"Sex"字段设置非空约束。
- 为"File"表中的"UserID"字段设置唯一约束。

（1）设置默认值

步骤1：在 SSMS 中，右击"File"数据表节点，从弹出的菜单中单击"设计"命令，打开"File"数据表编辑窗体。

步骤2：选择"Sex"字段，在窗体下方的"列属性"的"常规"栏中找到"默认值或绑定"项，在对应的文本框中输入"男"，如图8-24所示。

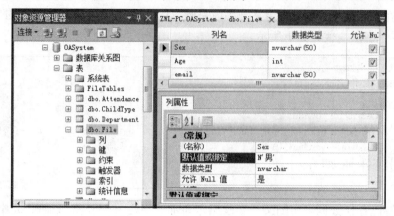

图8-24 为"Sex"字段设置默认值

（2）设置非空约束

步骤1：在SSMS中，右击"File"数据表节点，从弹出的菜单中单击"设计"命令，打开"File"数据表编辑窗体。

步骤2：根据任务要求，将"Sex"字段对应的"允许Null值"选项勾掉，设置为不允许为空，如图8-25所示。

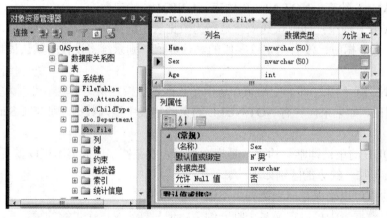

图8-25 为"Sex"字段设置非空约束

（3）设置唯一约束

根据任务要求，在查询编辑器窗口中输入如下代码，完成对"UserID"字段的唯一约束设置。

```
ALTER TABLE File
ADD CONSTRAINT Unique_UserID UNIQUE(UserID)
```

8.5 MTA 微软 MTA 认证考试样题 8

Epsilon Pi Tau 校友数据库正在取得进展，Natasha 已经应用规范化的概念以减少存储需求,并简化查询和更新过程。将数据库放到第三规范形式的结果是四个单独表:人员统计、邮政编码、学位和捐款额。下一步是创建每个表的主键、外键和复合键。此步骤将确保高级别的数据完整性、信息一致性和可用性。

1. 明确人员统计表的最佳主键为?
   a. 姓氏
   b. 校友 ID(系统自动生成)
   c. 姓氏和名字
2. 以下哪个是外键的示例?
   a. 邮政编码
   b. 毕业年份
   c. 姓氏
3. 什么不是主键的规则?
   a. 必须唯一
   b. 必须是数字
   c. 必须包含除 NULL 以外的值

本章小结

本章以数据完整性为核心,展开了数据约束的创建与管理、PRIMARY KEY 约束的使用方法、FOREIGN KEY 约束的使用以及和其他约束四个任务的讲解。具体讲述了 PRIMARY KEY 约束、FOREIGN KEY 约束、DEFAULT 约束、CHECK 约束、QUNIQUE 约束、NOT NULL 约束的创建和使用。

课后习题

一、填空题

1. 规则约束可以分为(　　)和(　　)两级。
2. 主键是为了保证数据库的(　　)完整性。
3. 数据完整性是指数据的(　　)和(　　)。
4. 某个表中要求某个字段的值必须在 50 到 100 之间,这属于(　　)完整性。
5. 主键创建好后,该字段就自动具有了(　　)和(　　)约束。
6. 主键创建好后会自动在其上创建一个(　　)索引。
7. 创建唯一约束的关键字是(　　)。
8. 已经绑定的规则,必须先(　　)才能对其执行删除操作。
9. 想完成一个年龄介于 18 到 60 之间的规则,表达式应该是(　　)。
10. 在已经创建好的表中添加主键,应该使用(　　)命令。

二、选择题

1. 用来标识事物的数据库对象是(　　)。
   A. 主键　　B. 外键　　C. 规则　　D. 默认

183

2. 某种数据库对象可以简化用户操作,将一些固定的值在用户不声明的情况下填入相应字段中,这种对象是（   ）。

  A. 主键 B. 外键 C. 规则 D. 默认

3. 关于主键说法错误的是（   ）。

  A. 主键除了标识记录外,还在关系中起着重要的作用

  B. 主键中的数据是不能重复的

  C. 主键是表中非常重要的字段,每个表都可以通过多个主键来规范数据

  D. 主键中不能出现空值

4. 外键是用来实施（   ）。

  A. 引用完整性 B. 域完整性

  C. 实体完整性 D. 用户定义完整性

5. CHECK 约束是用来实施（   ）。

  A. 引用完整性 B. 域完整性

  C. 实体完整性 D. 用户定义完整性

6. 以下关于数据库完整性描述不正确的是（   ）。

  A. 数据应随时可以被更新

  B. 表中的主键的值不能为空

  C. 数据的取值应在有效范围内

  D. 一个表的值若引用其他表的值,应使用外键进行关联

7. 表中可以有（   ）个主键。

  A. 1 B. 2 C. 999 D. 没有限制

8. 关于 FOREIGN KEY 约束的描述不正确的是（   ）。

  A. 体现数据库中表之间的关系

  B. 实现参照完整性

  C. 以其他表的 PRIMARY KEY 约束和 UNIQUE 约束为前提

  D. 每个表中都必须定义

9. 以下关于主键的描述正确的是（   ）。

  A. 只允许以表中第一字段建立

  B. 创建唯一的索引,允许空值

  C. 表中允许有多个主键

  D. 标识表中唯一的实体

10. 以下关于外键和相应的主键之间的关系,正确的是（   ）。

  A. 外键一定要与相应的主键同名

  B. 外键并不一定要与相应的主键同名

  C. 外键一定要与相应的主键同名而且唯一

  D. 外键一定要与相应的主键同名,但并不一定唯一

三、判断题

1. 规则一旦从字段上解除,就不可以再使用了。 （   ）

2. 创建的时候不需要声明绑定到什么字段的规则是表级规则。 （   ）

3．通常外键都是和另一个表的主键建立关联。（   ）
4．当不再需要规则来规范某个字段的时候，只能将其删除。（   ）
5．非空约束可以保证字段中不出现空值。（   ）
6．默认约束必须等基本表创建好后才能实施。（   ）
7．用户在创建表的同时可以完成主键和默认规则的创建。（   ）
8．唯一约束可以允许其字段值为 NULL，但主键约束不可以为 NULL。（   ）
9．用户只要权限允许，可以在字段中输入任何数值，不受其他对象约束。（   ）
10．可以对一个设置为允许 NULL 值的列设置主键。（   ）

四、应用题

1．简述 PRIMARY KEY 约束的注意事项。
2．建立主键应遵循的原则是什么？
3．主键和外键之间存在什么关系？
4．主键约束与唯一约束的区别是什么？
5．创建一个新的表格"图书"，包括"编号""书名""定价""作者"和"页数"字段。并使用语句方式完成下列任务。

1）在编号上创建一个主键约束。
2）要求图书的定价必须大于等于零，页数大于零、小于 200000。
3）将"理想"设定为"作者"字段的默认值。

第 9 章 存储过程

内容摘要

在 SQL Server 中,可以把一些最常用的 SQL 语句编写成可以保存及执行的小程序。用这些程序替代原有的语句,可以使用户在使用数据库的过程中更加方便和快捷。这些小程序在 SQL Server 中称为存储过程。本章将对存储过程进行详细的介绍与讲解。

本章要点

1. 存储过程的创建。
2. 创建带参数的存储过程。
3. 存储过程的修改。
4. 存储过程的删除。

9.1 任务一 创建存储过程

任务名称：编写存储过程 pr_News，利用这个存储过程显示表 News 中的数据。

任务描述：在使用 OASystem 数据库的过程中，经常要通过一些 SQL 语句来实现对数据库的操作。如果某些语句的使用频率较高，就需要频繁地编写这些语句，不仅麻烦而且容易出错。存储过程的出现，给这个问题提供了一个良好的解决方案。

存储过程，英文简称为 Stored Procedure，是在数据库系统中的一组 SQL 语句和可选控制流语句的预编译集合，以一个名称存储并作为一个处理单元，其中可以包含程序流、逻辑以及对数据库的查询。

本任务要求创建一个简单的存储过程 pr_News，旨在介绍存储过程从创建到执行的基本过程，重点是掌握存储过程创建的语法结构。

1. 简要分析

本任务中的存储过程功能并不复杂，旨在介绍存储过程从创建到执行的基本过程，重点是了解创建存储过程语法的结构。

2. 实现步骤

1）打开创建存储过程的窗体。
2）编写创建存储过程的代码，重点是了解创建存储过程的常规语句。
3）执行存储过程，验证代码的正确性。

步骤 1：新建创建存储过程窗体。启动 SSMS，在 SSMS 中依次展开"数据库"→"OASystem"→"可编程性"→"存储过程"节点，右击"存储过程"节点，从弹出的菜单中单击"新建"→"存储过程"命令，如图 9-1 所示。

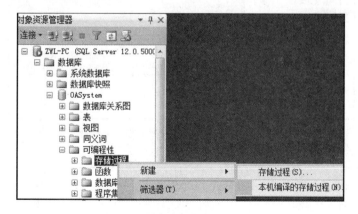

图 9-1 新建存储过程

步骤 2：编写代码。在打开的"新建存储过程"查询编辑窗口中，系统会自动生成创建存储过程的模板代码。初学者可以选择将其删除，自行书写存储过程的实现语句。本任务中，在查询编辑器中输入如图 9-2 所示代码。

图 9-2 中代码各项含义如下。

- USE OASystem：打开目标数据库。通常对于数据库中对象及数据的操作，都先使用 USE 语句打开目标数据库。
- CREATE PROCEDURE：创建存储过程的命令。
- pr_News：存储过程的名称。通常使用存储过程的英文单词"procedure"的前两个字母"pr"作为存储过程名称的前缀。
- AS：用于声明下面存储过程要执行的 SQL 语句。

步骤 3：创建存储过程。存储过程代码编写完成后，单击"执行"按钮创建该存储过程，如图 9-3 所示。

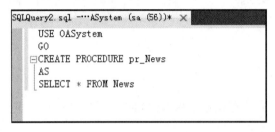
图 9-2　编写代码

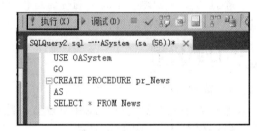
图 9-3　创建存储过程

步骤 4：调用存储过程。存储过程的调用可以在查询编辑器中通过语句完成，比较简单的做法是直接输入名称来调用存储过程。在查询编辑器中输入前面创建的存储过程的名称"pr_News"，单击工具栏上的"执行"按钮即可，如图 9-4 所示。

图 9-4　调用存储过程

友情提醒：exec 是 SQL 中用来执行存储过程或函数的命令，其后面直接跟欲执行的存储过程或函数，也可以带参数执行。

相关知识

1. 什么是存储过程

在查询编辑器中编写语句,一旦窗体关闭,语句就不存在了,如果需要再次实现相应功能就必须再次编写语句,系统也需要对语句重新进行编译后才能执行。有什么办法可以将常用的 SQL 语句编译成程序,使用的时候可以直接调用呢?SQL Server 2014 里面的存储过程就是为解决这一问题而设计的数据库对象。

具体地说,存储过程是在数据库系统中的一组 SQL 语句和可选控制流语句的预编译集合,以一个名称存储并作为一个单元处理,其中可以包含程序流、逻辑以及对数据库的查询。

2. 存储过程的优点

为什么要创建存储过程呢?它能带来哪些方便与快捷呢?存储过程具有很多优点,主要体现在以下几个方面:

1)执行效率更高。存储过程建立之后,其中的语句已经编译并且储存到数据库中,调用时不必重新编译,相对于每次单独执行 SQL 语句的先编译再执行,效率大大提高。

2)安全性更好。需要执行的语句改为存储过程后,就成为数据表访问的一个安全机制。当一个数据表没有设置权限,而对该数据表的操作又需要进行权限控制时,可以使用存储过程作为一个存取通道,不同的用户可通过不同的存储过程访问数据表。

3)存储过程可以设置参数。可以根据传入参数的不同重复使用同一个存储过程,使存储过程更加灵活地实现相应功能。

4)代码的重用性。可以将重复的数据库操作代码进行封装并定义在存储过程中,这样可以不必要地重复编写相同的代码,降低了代码不一致性,并且允许拥有所需权限的任何用户或应用程序访问和执行代码。

5)易维护性。应用程序在调用存储过程访问数据时,对于数据库中的更改,只有存储过程是必须更新的,而应用程序保持独立,并且不必知道对数据库布局、关系或进程的任何更改的情况。

3. 存储过程的分类

存储过程共分为 3 大类:

1)系统存储过程。系统存储过程是 SQL Server 2014 系统自带的、已经编译好的存储过程,使用时直接调用即可。系统存储过程以 sp_开头。

2)本地存储过程。本地存储过程是由用户根据需要自行设计并创建的存储过程,通常完成某一特定功能。一般我们所说的存储过程指的是本地存储过程。

3)扩展存储过程。扩展存储过程是指用户可以使用外部程序语言编写的存储过程。扩展存储过程的名称以 xp_开头。

4. 常用系统存储过程(见表 9-1)

表 9-1 常用系统存储过程一览表

类型	系统过程名	说明
对象	sp_help	报告当前数据库中对象的信息(sysobjects 表中对象:表、视图、自定义函数、过程、触发器、数据类型、主键、外键、check、unique、默认等)
	sp_rename	更改当前数据库中用户创建对象(如表、视图、列、存储过程、触发器、默认值、数据库、对象或规则)的名称

(续)

类型	系统过程名	说明
数据库	sp_databases	显示服务器中所有可以使用的数据库的信息
	sp_helpdb	显示服务器中数据库的信息
	sp_helpfile	显示数据库中文件的信息
	sp_helpfilegroup	显示数据库中文件组的信息
	sp_renamedb	更改数据库的名称
	sp_defaultdb	更改用户的默认数据库
查询	sp_tables	返回当前数据库中可查询的对象（表、视图）信息
默认	sp_bindefault	绑定默认
	sp_unbindefault	解除绑定默认
规则	sp_bindrule	绑定规则
	sp_unbindrule	解除绑定规则
索引	sp_helpindex	报告当前数据库中指定表或视图上索引的信息
	sp_pkeys	返回当前数据库中指定表的主键信息
	sp_fkeys	返回当前数据库中指定表的外键信息
登录	sp_addlogin	创建登录账号
	sp_defaultlanguage	更改登录的默认语言
	sp_grantlogin	授权 Windows 登录账户登录 SQL Server
	sp_denylogin	拒绝 Windows 账户登录 SQL Server
	sp_password	添加或更改 SQL Server 登录用户的密码
	sp_revokelogin	删除 Windows 身份验证的登录账户
	sp_droplogin	删除 SQL Server 身份验证的登录账户
服务器角色	sp_helpsrvrole	返回固定服务器角色列表
	sp_addsrvrolemember	向固定服务器角色中添加成员
	sp_helpsrvrolemember	查看固定服务器角色成员
	sp_dropsrvrolemember	从固定服务器角色中删除成员
固定数据库角色	sp_helpdbfixedrole	显示固定数据库角色的列表
	sp_dbfixedrolepermission	显示每个固定数据库角色的特定权限
数据库用户	sp_revokedbaccess	从当前数据库中删除安全账户
	sp_grantdbaccess	Microsoft SQL Server 登录或 Microsoft Windows NT 用户或组在当前数据库中添加一个安全账户，并使其能够被授予在数据库中执行活动的权限
数据库角色	sp_addrole	添加数据库角色
	sp_addrolemember	添加数据库角色成员
	sp_droprolemember	删除数据库角色成员
备份设备	sp_addumpdevice	添加备份设备
	sp_dropdevice	除去数据库设备或备份设备

5．用命令创建存储过程

创建存储过程的命令很简单，下面就是标准的创建命令。

```
CREATE {PROC | PROCEDURE } [SCHEMA_name.] procedure_name
    [ { @parameter} data_type [ = default ] [OUTPUT ]]
    [ ,...n ]
[ WITH <procedure_option> [,...n ]]
AS
[BEGIN]
{ <sql_statement> }
[END]
```

有关说明如下。

1）CREATE PROCEDURE：创建存储过程的命令。

2）procedure_name：存储过程名，是为存储过程所起的名字，一般以 procedure_ 或 pr_ 开头，不能超过 128 个字符。

3）每个存储过程中最多设定 1024 个参数。

4）@parameter data_type [=default] [OUTPUT]：参数设置。参数需要在名称前使用 "@" 符号声明，每一个存储过程的参数仅为该程序内部使用。参数的类型可以是除 IMAGE 外的所有数据类型。[=default]是为这个参数设定的默认值。[OUTPUT]声明该参数是输出参数。

【操作实例 9-1】 创建一个名为 "pr_user" 的存储过程，实现输出用户表中 UserID 和 UserName 字段的功能，并通过调用该存储过程输出目标数据。

步骤 1：打开创建存储过程窗体。启动 SSMS，在 SSMS 中新建一个查询编辑窗体。

步骤 2：编写代码。在窗体中输入如下所示的存储过程语句。

```
USE OASystem
GO
CREATE PROCEDURE pr_user
AS
SELECT UserID,UserName
FROM [Users]
```

步骤 3：执行创建。单击工具栏中的"执行"按钮，完成存储过程的创建。

步骤 4：调用存储过程。新建查询编辑器窗体，输入如下所示的存储过程语句。

```
EXEC pr_user
```

执行结果如图 9-5 所示。

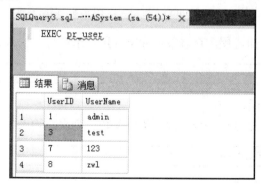

图 9-5 调用 pr_user 存储过程结果

【操作实例9-2】 熟悉几个常用的系统存储过程。

步骤1：利用系统存储过程查看当前数据库的文件属性，输入如下代码。

```
EXEC sp_helpfile
```

执行结果如图9-6所示。

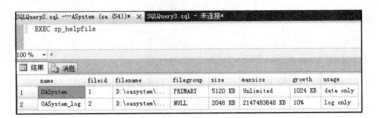

图9-6 调用系统存储过程 sp_helpfile 结果

步骤2：利用系统存储过程查看 SQL Server 信息，输入如下代码。

```
EXEC sp_server_info
```

执行结果如图9-7所示。

步骤3：利用系统存储过程查看 SQL Server 信息，输入如下代码。

```
EXEC sp_databases
```

执行结果如图9-8所示。

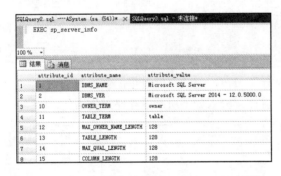

图9-7 调用系统存储过程 sp_server_info 结果　　图9-8 调用系统存储过程 sp_databases 结果

步骤4：利用系统存储过程，查看数据库文件用户组信息，输入如下代码。

```
EXEC sp_helpfilegroup
```

执行结果如图9-9所示。

步骤5：利用系统存储过程，查看固定数据库角色列表，输入如下代码。

```
EXEC sp_helpdbfixedrole
```

执行结果如图9-10所示。

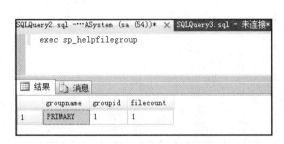

图 9-9 调用系统存储过程 sp_helpfilegroup 结果　　图 9-10 调用系统存储过程 sp_helpdbfixedrole 结果

9.2 任务二 创建带参数的存储过程

任务描述

任务名称：创建带参数的存储过程。

任务描述：在上一个任务中，通过一个简单的案例使我们了解了基本的存储过程的实现方式。但实际上，存储过程的功能不仅如此，通过存储过程可以实现非常复杂的功能。本任务设计一个带参数的存储过程，通过参数的使用可以灵活地查询职工的相关信息。

任务分析

1．简要分析

本任务中创建的存储过程可以根据用户输入的职工姓名来查询职工的性别和职称级别信息。用户输入的职工姓名通过存储过程中的输入参数代入语句中，并输出相应结果。

2．实现步骤

1）定义存储过程。

2）调用存储过程。

任务实现

步骤 1：新建创建存储过程窗体。启动 SSMS，在 SSMS 中依次展开"数据库"→"OASystem"→"可编程性"→"存储过程"节点，右击"存储过程"节点，从弹出的菜单中单击"新建"→"存储过程"命令，如图 9-11 所示。

步骤 2：编写代码。在打开的"新建存储过程"查询编辑窗口中删除系统自动生成的模板代码，输入如图 9-12 所示的存储过程创建语句，执行创建。

步骤 3：调用存储过程。使用创建的存储过程 pr_File，查询职工"张山"的性别和职称。在新建的查询编辑器中输入调用语句，并给参数赋值。执行后可以得到"张山"的相关信息，

193

如图 9-13 所示。

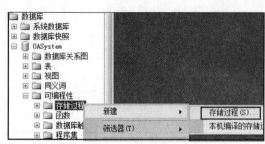
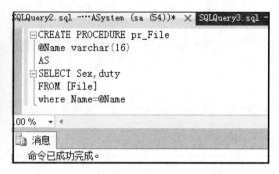

图 9-11　新建存储过程　　　　　　　　图 9-12　编写带参数@Name 的存储过程

【操作实例 9-3】　创建一个存储过程，通过输入职工的性别来检索该性别下所有职工的姓名和电话。

步骤 1：创建。新建查询编辑器窗体，输入相应存储过程的创建语句，并执行创建，如图 9-14 所示。

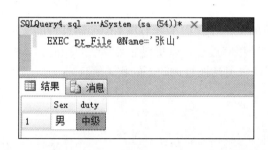
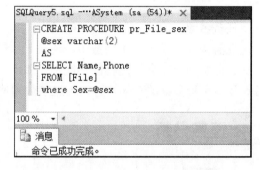

图 9-13　调用存储过程　　　　　　　　图 9-14　编写带参数@sex 的存储过程

步骤 2：调用。使用创建的存储过程 pr_File_sex，查询男职工的姓名和电话。在新建的查询编辑器中输入调用语句，并给参数赋值。执行后可以得到男职工的相关信息，如图 9-15 所示。

【操作实例 9-4】　创建一个存储过程，通过输入用户的名称来检索用户的密码，并使用输出语句输出。

步骤 1：创建。新建查询编辑器窗体，输入相应存储过程的创建语句，并执行创建，如图 9-16 所示。

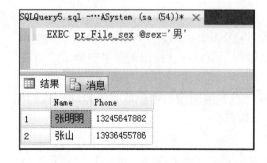
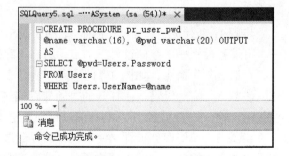

图 9-15　调用带参数@sex 的存储过程　　　图 9-16　编写带输入和输出参数的存储过程

步骤 2：调用。使用创建的存储过程 pr_user_pwd，查询用户"admin"的密码。在新建的查询编辑器中输入调用语句，并给参数赋值。执行后可以得到"admin"用户的密码，如图 9-17 所示。

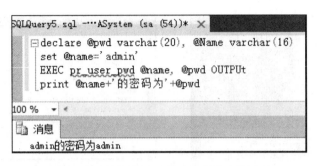

图 9-17 调用带输入和输出参数的存储过程

9.3 任务三 管理存储过程

任务名称：完成存储过程的修改、删除和更名等操作。

任务描述：存储过程在使用的过程中需要对其进行必要的管理，主要包括查看存储过程的信息、修改存储过程、删除存储过程、对存储过程更名等。本任务将对这些功能进行讲解。

1. 简要分析

本任务以之前任务所创建的"pr_File"存储过程为对象，对其执行修改存储过程、删除存储过程、对存储过程更名等操作。具体任务是将该存储过程的功能由显示职工性别和职称信息，改为显示性别和电话信息，并将其更名为"pr_File1"，最后将该存储过程删除。

2. 实现步骤

1）修改存储过程。
2）更名存储过程。
3）删除存储过程。

1. 修改存储过程

步骤 1：修改命令。依次打开"数据库"→"OASystem"→"可编程性"→"存储过程"节点，右击"存储过程"节点中的目标存储过程"pr_File"，从弹出的菜单中单击"修改"命令，如图 9-18 所示。

步骤2：语句模板。打开的查询编辑器窗体中显示了该存储过程修改语句的模板，如图9-19所示。可以看出，图中语句的后半部分与创建该存储过程时的语句基本相同，只是将创建命令"CREATE"改为修改命令"ALTER"。

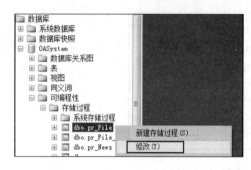

图9-18 修改存储过程命令

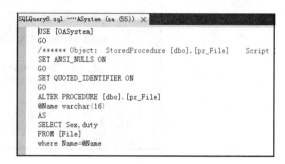

图9-19 修改存储过程语句模板

步骤3：修改语句。对存储过程的修改可以直接在语句模板中进行。根据任务，将语句中的"SELECT Sex,duty"修改为"SELECT Sex,phone"，单击工具栏的"执行"按钮即可。

2．更名存储过程

步骤1：更名命令。依次打开"数据库"→"OASystem"→"可编程性"→"存储过程"节点，右击"存储过程"节点中的目标存储过程"pr_File"，从弹出的菜单中单击"重命名"命令，直接将"pr_File"改为"pr_File1"即可。

步骤2：也可在查询编辑器窗体中输入更名命令，单击"执行"按钮，刷新后目标存储过程已更名为"pr_File1"，如图9-20所示。

图9-20 存储过程更名

3．删除存储过程

步骤1：删除命令。依次打开"数据库"→"OASystem"→"可编程性"→"存储过程"节点，右击"存储过程"节点中的目标存储过程"pr_File1"，从弹出的菜单中单击"删除"命令，如图9-21所示。

步骤2：确定删除。打开的删除对象窗格用来确定删除，如图9-22所示。如果确实要删除该存储过程，单击对话框下方的"确定"按钮即可。

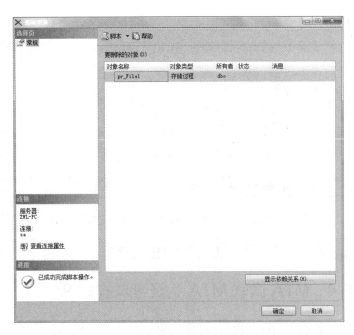

图 9-21　删除存储过程命令　　　　图 9-22　删除目标存储过程

1．用命令方式修改存储过程

存储过程的修改除了可以通过打开语句模板实现外，也可以直接在查询编辑器中进行。修改存储过程的基本语句如下：

```
ALTER PROCEDURE 存储过程名
[ {@参数 1 数据类型} [= 默认值] [OUTPUT],
……,
{@参数 n 数据类型} [= 默认值] [OUTPUT]
]
AS
SQL 语句
……
```

语句中各参数含义与 CREATE PROCEDURE 语句相同。

2．使用命令方式删除存储过程

删除存储过程同样可以使用 SQL 命令方式完成，删除存储过程的基本语句如下：

```
DROP PROCEDURE 存储过程名
```

例如，删除前面创建的存储过程"pr_File_sex"，可使用如下命令。

```
DROP PROCEDURE pr_File_sex
```

【操作实例 9-5】　使用 SQL 语句方式完成对存储过程"pr_user"的修改、更名和删除。首先将输出的结果由显示 UserID 和 UserName 字段改为单独显示 UserName 字段，然后将存储过程改为"pr_user_another",最后删除该存储过程。

步骤1:修改存储过程。新建查询编辑窗体,在窗体中输入如下修改语句并执行:

```
ALTER PROCEDURE pr_user
AS
SELECT UserName
FROM [Users]
```

步骤2:更名存储过程。新建查询编辑窗体,在窗体中输入如下更名语句并执行:

```
sp_rename pr_user, pr_user_another
```

步骤3:删除存储过程。新建查询编辑窗体,在窗体中输入如下删除语句并执行:

```
DROP PROCEDURE pr_user_another
```

9.4 MTA 微软 MTA 认证考试样题 9

在完成为他的母亲创建 CD 收藏数据库之后,Yan 意识到此类型的结构可以用于很多其他库存数据库。他发现,在预定义的 SQL 函数中提供了一些常见功能。通过利用这些内置的现成函数,他可以提高工作效率,并创建任何其他需要的用户定义函数。Yan 还学会了区分聚集函数和标量函数。

1. 在 CD 收藏数据库中,Yan 可以使用什么聚合函数来计算 CD 总数?
   a. SUM (列名称)
   b. COUNT (列名称)
   c. AVG (列名称)
2. Yan 对标量函数的工作原理不是很明确。下面哪个是标量函数?
   a. FIRST (列名称) 返回指定列中的第一个字段
   b. SUM (列名称) 返回列中所有值的总计
   c. UCASE (列名称) 返回所有大写字母字段的值
3. 如何调用存储过程?
   a. RUN (过程名称, 输入值)
   b. EXECUTE (过程名称, 输入值)
   c. PERFORM (过程名称, 输入值)

本章小结

本章介绍了如何创建、使用以及管理 SQL Server 中的存储过程,存储过程在 SQL Server 数据库管理系统中扮演着十分重要的角色,它可以大大减少用户的工作量,也可以提高数据库的安全性。学习存储过程,重点是掌握如何准确地运用存储过程中的参数来实现比较复杂的功能。

课后习题

一、填空题

1. （　　）命令用于执行 SQL 语句。
2. 创建存储过程的命令是（　　）。
3. 存储过程的优点有（　　）、（　　）、（　　）、（　　）、（　　）。
4. 存储过程是在数据库系统中，一组为了完成特定功能的（　　）语句。
5. 存储过程分为（　　）、（　　）、（　　）三大类。
6. （　　）是 SQL 中用来执行存储过程或函数的命令。
7. 不能在事务中使用（　　）语句强行退出。
8. 可使用系统存储过程（　　）查看当前数据的所有数据文件属性。
9. （　　）是已经存储在 SQL Server 服务器中的一组预编译过的 Transact-SQL 语句。
10. SQL Server 实例中有 DBOA 数据库，要将它改名为 DBOA-T 数据库，请写出设置命令：（　　）。

二、选择题

1. 在 SSMS 选中数据库，在其节点下的（　　）分支下创建存储过程。
   A．可编程性　　　　　　　　B．同义词
   C．表　　　　　　　　　　　D．数据库关系图
2. 定义完存储过程后，单击（　　）按钮保存存储过程。
   A．退出　　　　　　　　　　B．确定
   C．存储　　　　　　　　　　D．执行
3. 系统存储过程名称一般以（　　）开头。
   A．xp_　　　　　　　　　　B．sp_
   C．vp_　　　　　　　　　　D．wp_
4. 每个存储过程中最多设定（　　）个参数。
   A．128　　　　　　　　　　B．256
   C．512　　　　　　　　　　D．1024
5. 在定义的存储过程中，每个参数名前要有一个（　　）符号。
   A．#　　　　　　　　　　　B．%
   C．@　　　　　　　　　　　D．*
6. 如下命令中，可以用于解除绑定的命令是（　　）。
   A．#　　　　　　　　　　　B．%
   C．@　　　　　　　　　　　D．*
7. 下面关于存储过程的描述不正确的是（　　）。
   A．存储过程实际上是一组 T-SQL 语句
   B．存储过程预先被编译存放在服务器的系统表中
   C．存储过程独立于数据库而存在
   D．存储过程可以完成某一特定的业务逻辑

8．系统存储过程在系统安装时就已创建，这些存储过程存放在（　　）数据库中。
   A．master B．tempdb
   C．model D．msdb
9．附加数据库使用的存储过程名称是（　　）。
   A．BACKUP DATABASE B．SP_ATTACH_DB
   C．SP_DETACH_DB D．RESTORE DATABASE
10．在 SQL Server 中，用来显示数据库信息的系统存储过程是（　　）。
   A．sp_dbhelp B．sp_db
   C．sp_help D．sp_helpdb

三、判断题

1．凡是对数据库中表的操作必须先打开数据库。（　　）
2．在 SSMS 中可以使用图形化方式和命令行方式创建存储过程。（　　）
3．存储过程中必须带参数。（　　）
4．使用 DROP PROCEDURE 可以删除存储过程。（　　）
5．exec 是 SQL 中用来执行存储过程或函数的命令。（　　）
6．可以使用 CREATE TABLE 命令创建存储过程。（　　）
7．每个存储过程向调用方返回一个整数返回代码。如果存储过程没有显式设置返回代码的值，则返回代码为 0，表示成功。（　　）
8．存储过程是存储在服务器上的一组预编译的 Transcat-SQL 语句。（　　）
9．创建存储过程必须在企业管理器进行。（　　）
10．存储过程输出可以在客户机上运行。（　　）

四、应用题

1．编写一个存储过程，求 1 到 10 之间的奇数和。
2．创建带参数的存储过程[某宿舍同学]：姓名，性别，宿舍电话并执行此过程，查询"101"宿舍情况。
3．创建带参数的存储过程，要求实现以下功能。
1）存储过程功能：查询某门课程的最高分、最低分、平均分。
2）执行该过程，查询所有修"专业英语"这门课程学生的最高分、最低分、平均分。
4．写出创建分数存储过程用于计算某门课程成绩的最高分、最低分、平均分。

第10章 触发器

内容摘要

触发器（Trigger）是一种特殊的存储过程，它与表紧密相连，基于表而建立，可以视为表的一部分。用户创建触发器后，就能控制与触发器关联的表。当表中的数据发生插入、删除或修改时，触发器自动运行。触发器是维持数据应用完整性的记号方法。设置触发器使得多个不同的用户能够在保持数据完整性和一致性的良好环境下进行修改操作。

本章要点

1. 了解触发器。
2. 了解触发器的类型。
3. 掌握触发器的创建方法。
4. 掌握触发器的管理方法。

10.1 任务一 创建 DML 触发器

任务名称：创建 DML 触发器。

任务描述：在"OASystem"数据库中的"News"表中有一个"CreateDate"字段，用来记录该条记录被修改的时间。如果每次修改数据时都手工修改这个字段，既耗费时间和精力，又很难准确地记录当时的时间。

触发器正好解决了这一问题。当在表"News"中创建了触发器后，一旦该表的数据发生了变化，就自动将当前的系统时间更新到"CreateDate"字段中。

1．简要分析

触发器就是当设定的一个事件发生时去自动执行另一个事件。本任务比较简单，主要是创建一个修改触发器，注意分清触发事件和被触发事件即可。

2．实现步骤

1）要了解触发器的含义，知道触发器是用来做什么的。

2）要知道在 SQL Server 2014 的资源管理器中如何创建触发器。

3）创建的触发器如何执行。

本任务包括触发器的创建与运行，实现的具体步骤如下。

步骤 1：启动触发器编辑窗口。在 SSMS 中依次展开"OASystem"→"表"→"News"节点，找到"触发器"子节点，右击"触发器"子节点，在弹出的菜单中单击"新建触发器"命令，打开触发器编辑窗口，如图 10-1 所示。

步骤 2：编写代码。步骤 1 完成之后，系统自动在查询编辑器窗口中生成创建触发器的模板代码及注释，这些代码的功能是架构环境和说明程序。初学者通常不建议使用系统提供的语句模板，可将模板代码全部删除，然后手动输入创建存储过程的语句，编写完成后，执行程序，完成触发器的创建。

```
CREATE TRIGGER News_trig
On News
AFTER UPDATE
AS
BEGIN
    IF(COLUMNS_UPDATED() IS NOT NULL)
        UPDATE News SET CreateDate=GETDATE()
        FROM News n,inserted i
```

```
            WHERE n.ID=i.ID
END
```

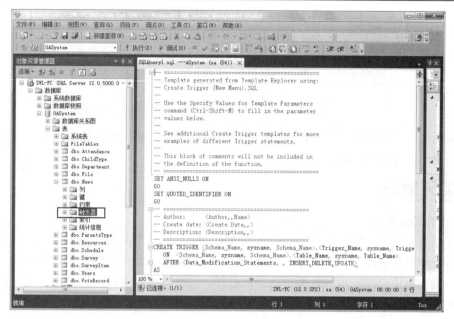

图 10-1　触发器编辑窗口

步骤 3：运行及验证触发器。首先查看"News"表未修改时的原表数据。在查询编辑器窗口中输入如下语句。

```
SELECT * FROM News
```

打开"News"表，查看其中数据。需要注意的是，此时数据的"CreateDate"字段内的值都是 2010 年的。如图 10-2 所示。

	ID	Title	Contents	Authors	Source	CreateDate
1	1	国庆节放假7天通知	这里是新闻内容	管理员	自创	2010-06-07 14:27:41.530
2	2	迟到早退的处罚办法	为了规范公司的出勤制度，保证良好的出勤效果	厂办	自创	2010-06-08 17:10:11.130
3	3	公司产品远销海内外	我公司今年产品远销海内外，取得了优异的成绩	管理员	自创	2010-06-20 10:25:32.130

图 10-2　未修改的原表数据

然后使用数据修改语句，将"News"表的数据"ID"为"2"的记录中"Authors"字段的数值改为"管理员"，语句如下。

```
UPDATE News SET Authors= '管理员' WHERE ID='2'
```

根据前面创建的触发器功能，此时该条记录的"CreateDate"字段的数值应该自动发生变化，变为当前的系统日期，那是否如此呢？

再次输入数据查询语句，检索"News"表中的数据。

```
select * from News
```

执行后，查看已经被修改的表中数据。如图 10-3 所示。

图 10-3　查看已经被修改的表中数据

可以看到，此时"ID"为"2"的记录的"CreateDate"字段中的数值已经自动变为系统日期，证明了触发器的有效性。

相关知识

1．什么是触发器

触发器是数据库中特殊的存储过程，当数据表有 Insert、Update、Delete 操作或数据库有 Create、Alter、Drop 操作的时候，可以激活触发器，并运行其中的 T-SQL 语句。

触发器实际上就是一种特殊类型的存储过程，其特殊性表现在：它是自动执行某些特定的 T-SQL 语句的。

2．触发器的作用

触发器是针对数据表（库）操作的特殊存储过程，是可以自动激活执行的，可以处理各种复杂操作的数据库对象。在 SQL Server 2005 之后的版本中，触发器的性能有了更进一步的提高，在数据表（库）发生 Create、Alter 和 Drop 操作时，也会自动激活相应的触发器。通过灵活运用触发器，可以大大提高应用程序的可靠性和健壮性。另外，触发器还可以帮助开发人员和数据库管理人员实现非常复杂的功能，提高工作效率，降低开发成本。

3．触发器的分类

在 SQL Server 中，根据激活触发器执行的 T-SQL 语句类型，可以将触发器分为 DML 触发器和 DDL 触发器两种。其中 DML 触发器根据触发事件的不同又分为 After 触发器和 Instead Of 触发器。After 触发器是先修改记录后激活的触发器；Instead Of 触发器是"取代"触发器，这种触发器在事件发生前就会触发。DDL 触发器根据作用范围可以分为作用在数据库的触发器和作用在服务器的触发器两种。After 触发器只能用于数据表中，而 Instead Of 触发器既可以用在数据表中，也可以用在视图中。

4．DML 触发器

DML 触发器有助于数据库在修改数据的时候实施强制性规则，保证数据的完整性，其主要的功能如下。

● 可以完成比 CHECK 更复杂的约束要求。
● 拒绝违反引用完整性的数据操作，保证数据准确性。
● 比较表修改前后的数据变化，并根据变化采取相应操作。
● 级联修改具有关系的表。

DML 触发器主要针对的操作有三种：UPDATE、INSERT、DELETE。某个表格创建了触发器后，只要对该表格进行更新、插入或删除操作，就会触动对应的触发器。

5．DELETED 表和 INSERTED 表

系统会自动为触发器创建两个系统临时表：DELETED 表和 INSERTED 表。触发器运行过程中所涉及的数据根据不同的操作类型保存在相应的表中，触发器在运行过程中会在需要的时候调用其中的数据，用户也可以在需要的时候从表中调用数据。每个触发器只能调用对应表中的数据，而两个表也和相应的触发器一起存储于内存中。这两个表虽被称为表，但并不同于一般的数据库表，它们储存在内存中，而非在磁盘上。

两个表的结构类似于定义触发器的表结构。DELETED 表会储存因 DELETE 及 UPDATE 语句而受影响的行的副本。当数据被删除或更新时，被删除或更新的行会传送到 DELETED 表中临时存储。INSERTED 表会储存被 INSERT 及 UPDATE 语句影响的行的副本，在插入或更新数据时，新添加的行会同时被加至 INSERTED 表。执行 UPDATE 语句，实际是删除与添加的组合，旧的行会保留一份副本在 DELETED 表中，而新行的副本则保留在 INSERTED 表中。

INSERTED 表和 DELETED 表中的值只限于在触发器中使用。一旦触发器关闭就无法再使用。

6．创建触发器语句

创建触发器可以使用 CREATE TRIGGER 语句，其语法格式如下。

```
CREATE TRIGGER 触发器名
ON {表名 | 视图名}
[WITH ENCRYPTION]
{FOR}{ [ DELETE ] [ , ] [INSERT] [ , ] [ UPDATE ] }
AS
[ { IF UPDATE ( 字段名 ) ...
[ { AND | OR } UPDATE ( 字段名 ) [ ...N ]
sql_statement [...N]
```

参数说明。

- WITH ENCRYPTION：加密选项，防止触发器作为 SQL Server 复制的一部分发布。
- [DELETE] [,] [INSERT][,][UPDATE]：表示指定执行哪些语句时将激活触发器，至少要指定一个选项，若选项多于一个，需用逗号分隔各选项。
- IF UPDATE（字段名）：在指定的字段上进行 INSERT 或 UPDATE 操作时触发的事件，不能用于 DELETE 操作。

【操作实例 10-1】在"Users"表中删除某条信息的时候，需要用数据输出命令提示用户，并显示该条被删除的数据信息。使用触发器完成该任务。

步骤 1：触发器的创建。在查询编辑器窗口中输入如下语句，创建触发器"DEL_tri"。

```
CREATE TRIGGER DEL_tri
ON Users
FOR DELETE
AS
print '删除的信息为：'
SELECT * FROM deleted
```

步骤 2：触发器验证。为了验证触发器的功能，删除"Users"表中的一条数据，触发触发器。在查询编辑器窗口中运行如下语句，会得到如图 10-4 所示结果。

```
DELETE FROM Users WHERE UserID='3'
```

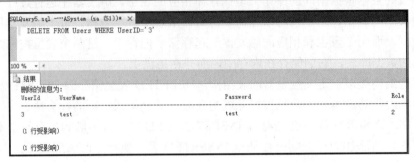

图 10-4　删除触发器验证结果

10.2　任务二　管理 DML 触发器

任务名称： 管理 DML 触发器。

任务描述： 触发器创建完成后，其后续的管理主要包括修改 DML 触发器、启用 DML 触发器、停用 DML 触发器和删除 DML 触发器。这四项操作组成了管理 DML 触发器的全部工作，本任务就是完成上述四项操作。

1．简要分析

本任务包含了四个小任务，分别对触发器进行了修改、启用、停用和删除操作。其中修改触发器的语法与上个任务中创建触发器的语法格式基本相同。启用、停用和删除都可以简单地通过 SSMS 的"对象资源管理器"来实现。

2．实现步骤

1）修改触发器。
2）禁用触发器。
3）启用触发器。
4）删除触发器。

1．修改触发器

将前面触发器的触发条件由"只要 News 表中数据被修改就触发"改为"只有 Authors 字段中的数据被修改才触发"。

步骤1：打开触发器修改窗体。在SSMS中依次展开"OASystem"→"News"→"触发器"节点，找到触发器"News_tri"子节点，右击"News_tri"子节点，在弹出的菜单中单击"修改"命令，打开触发器编辑窗体。

步骤2：窗体介绍。触发器编辑窗体中生成的语句版本基本与创建触发器时的语句相同，只是将"CREATE"命令改为"ALTER"命令，如图10-5所示。用户只要在窗口中根据新的需求对代码进行相应修改即可。

步骤3：修改DML触发器的代码。根据任务要求，需要修改触发器触发条件，将原来的任意修改触发变为只有"Authors"字段的值修改时触发。将原代码中的"IF(COLUMNS_UPDATED () is Not Null)"修改为"IF UPDATE(Authors)"。

步骤4：验证。触发器修改后通过数据的修改来验证其有效性。可以分别修改"News"表中的"Authors"字段和另一个字段来验证本次修改的效果。修改及验证方式与前例相同，在此不再赘述。

2．禁用触发器

如果暂时不再需要"News_tri"触发器发挥其作用，但是又不想删除它，可以设置暂时将其禁用。

步骤1：禁用触发器命令。在SSMS中依次展开"OASystem"→"News"→"触发器"节点，找到触发器"News_tri"子节点，右击"News_tri"子节点，从弹出的菜单中单击"禁用"命令，打开"禁用触发器"对话框。

步骤2："禁用触发器"对话框。该对话框会将禁用的相关信息显示出来，如图10-6所示。单击"关闭"按钮，完成对"News_tri"触发器的禁用。

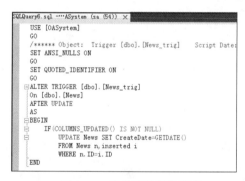
图10-5　修改触发器编辑窗口

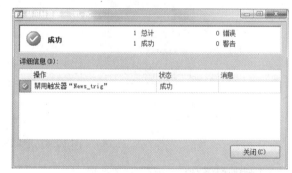
图10-6　"禁用触发器"对话框

3．启用触发器

如果需要让已经禁用的触发器重新发挥作用，需要重新启用触发器。

步骤1：启用DML触发器。在SSMS中依次展开"OASystem"→"News"→"触发器"节点，找到触发器"News_tri"子节点，右击"News_tri"子节点，从弹出的菜单中单击"启用"命令，打开"启用触发器"对话框。

步骤2："启用触发器"对话框。该对话框会将启用的结果及相关信息显示出来，如图10-7所示。单击"关闭"按钮，完成对"News_tri"触发器的启用。

4．删除触发器

如果触发器已经彻底失去作用，可以将其删除。

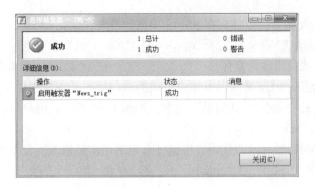

图 10-7 "启用触发器"对话框

步骤 1:删除 DML 触发器。在 SSMS 中依次展开"OASystem"→"News"→"触发器"节点,找到触发器"News_tri"子节点,右击"News_tri"子节点,从弹出的菜单中单击"删除"命令,打开"删除对象"对话框。

步骤 2:"删除对象"对话框。该对话框需要用户确认删除操作,如图 10-8 所示。单击"确定"按钮,则"News_tri"触发器被删除。

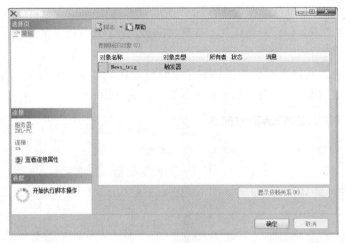

图 10-8 删除触发器

 相关知识

1. 触发器的修改

触发器的修改语句与创建基本一致,具体语法如下。

```
ALTER TRIGGER 触发器名
ON { 表名 | 视图名 }
[WITH ENCRYPTION]
{FOR}{ [ DELETE ] [ , ] [INSERT] [ , ] [ UPDATE ] }
AS
[ { IF UPDATE ( 字段名 ) …
[ { AND | OR } UPDATE ( 字段名 ) [ …N ]
sql_statement [ …N]
```

其中，各参数的含义与 CREATE TRIGGER 语句中所使用的参数相同，这里就不再复述。

2．触发器的禁用与启用

因为触发器在使用的过程中采用自动执行方式，而不是人工执行，所以如果不需要触发器发挥作用，只能将其临时禁用。禁用并不是删除，只是暂时禁止其发挥作用。

触发器禁用后，如果需要恢复其作用，就需要重新将其启用。

【操作实例 10-2】本实例完成对前一实例中创建的"DEL_tri"触发器的管理，包括修改、禁用、启用和删除操作。

步骤 1：触发器的修改。在查询编辑器窗口中输入如下语句。

```
ALTER TRIGGER DEL_tri
ON Users
FOR DELETE
AS
print '用户您好，您刚才删除的数据信息为：'
SELECT * FROM deleted
```

步骤 2：触发器的禁用。在 SSMS 中，找到目标触发器"DEL_tri"节点，右击该节点，从弹出的菜单中单击"禁用"命令，弹出"禁用触发器"对话框。单击对话框中的"关闭"按钮，完成禁用操作。

步骤 3：触发器的启用。在 SSMS 中，找到目标触发器"DEL_tri"节点，右击该节点，从弹出的菜单中单击"启用"命令，弹出"启用触发器"对话框。单击对话框中的"关闭"按钮，完成启用操作。

步骤 4：触发器的删除。在 SSMS 中，找到目标触发器"DEL_tri"节点，右击该节点，从弹出的菜单中单击"删除"命令，弹出"删除对象"对话框。单击对话框中的"确定"按钮，完成删除操作。

10.3 任务三 创建及管理 DDL 触发器

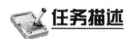

任务名称：创建及管理 DDL 触发器。

任务描述：在任务一中介绍的触发器有两种，一是 DML 触发器，二是 DDL 触发器。DML 触发器是针对数据库中的操作语言设计的，DDL 触发器则是针对数据库的定义语言设计的。本任务针对"OASystem"数据库创建一个 DDL 触发器，以实现对数据库的保护。

1．简要分析

其实 DDL 触发器和 DML 触发器只是功能不同而已，其原理和创建过程基本一样。本任务主要创建一个保护数据库不被删除的触发器，并对其进行管理。

2．实现步骤

1）创建 DDL 触发器。

2）查看与修改 DDL 触发器。

3）禁用、启用与删除 DDL 触发器。

任务实现

1．创建 DDL 触发器

任务需要创建一个保护数据库不被删除的触发器。

步骤 1：启动触发器编辑窗口。在 SSMS 中依次展开"OASystem"→"表"→"Department"节点，找到"触发器"子节点，右击"触发器"子节点，在弹出的菜单中单击"新建触发器"命令，打开触发器编辑窗体。

步骤 2：创建 DDL 触发器。与创建 DML 触发器一样，只要在触发器编辑窗体中输入相应的创建触发器语句即可。

```
CREATE TRIGGER DATABASE_Trig         --DATABASE_TRIG 为触发器名
ON ALL SERVER                        --针对所有服务器
FOR DROP_DATABASE                    --针对删除数据库操作
AS
PRINT '数据库已使用触发器保护，不能删除'   --输出的提示信息
ROLLBACK                             --数据回滚，取消删除操作
```

步骤 3：验证。输入一条删除数据库命令，验证 DDL 触发器的有效性，输入命令为：

```
DROP DataBase OASystem
```

此时，触发器被激活，拒绝本次操作，并给出相应提示，如图 10-9 所示。

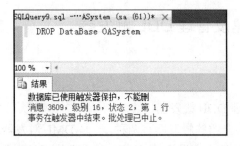

图 10-9 触发器拒绝用户操作

2．触发器的查看与修改

步骤 1：打开编辑器窗口。DDL 触发器与 DML 触发器的查看方式不同。在 SSMS 中依次展开"服务器对象"和"触发器"节点，找到目标触发器"DATABASE_TRIG"。右击"DATABASE_TRIG"节点，从弹出的菜单中依次选择"编写服务器触发器脚本为"→"CREATE 到"→"新查询编辑器窗口"命令，如图 10-10 所示。

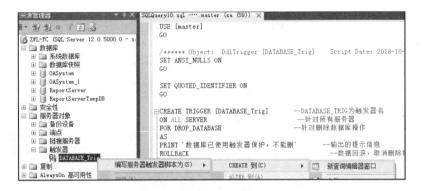

图 10-10　查看与修改 DDL 触发器

步骤 2：查看 DDL 触发器。在打开的窗口中可以查看该触发器创建时的语句。

步骤 3：修改 DDL 触发器。与 DML 触发器一样，首先将语句中的"CREATE TRIGGER"命令改为"ALTER TRIGGER"命令，然后在下面的语句中进行相应修改即可。

步骤 4：删除 DDL 触发器。在 SSMS 中依次展开"服务器对象"和"触发器"节点，找到目标触发器"DATABASE_TRIG"。右击"DATABASE_TRIG"节点，从弹出的菜单中单击"删除"命令，在弹出的"删除对象"窗体中单击"确定"按钮，完成删除，如图 10-11 所示。

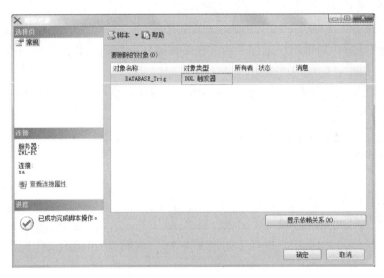

图 10-11　删除 DDL 触发器

1. DDL 触发器创建语法（见表 10-1）

```
CREATE TRIGGER <trigger_name>
ON { ALL SERVER | DATABASE }
{ FOR | AFTER }
AS {SQL 语句}
```

211

表 10-1 DDL 触发器代码含义

行号	代码	说明
1	CREATE TRIGGER	新建触发器命令
2	trigger_name	触发器名称
3	ON { ALL SERVER	DATABASE }	触发器针对的对象，ALL SERVER 是指针对所有服务器，DATABASE 则是针对数据库
5	{FOR	AFTER }	AFTER 指定 DML 触发器仅在触发 SQL 语句中指定的所有操作都已成功执行时才被触发。所有的引用级联操作和约束检查也必须在激发此触发器之前成功完成。如果仅指定 FOR 关键字，则 AFTER 为默认值。不能对视图定义 AFTER 触发器
6	AS { SQL 语句}	要执行的 SQL 语句

【操作实例 10-3】 管理 DDL 触发器。本实例需要实现保护数据表功能。创建两个触发器，拒绝用户对数据表"News"结构的修改及拒绝在"OASystem"数据库中创建新的数据表。

步骤 1：拒绝修改数据表结构。打开 SSMS，将当前数据库设定为"OASystem"，在查询编辑器窗口中输入如下语句。

```
CREATE TRIGGER TABLE_TRIG1
ON DATABASE
FOR ALTER_TABLE
AS
PRINT '数据表已使用触发器保护，不能修改'
ROLLBACK
```

触发器创建好后，如果用户进行了修改表结构操作，例如在数据表中插入新的列，系统会给出拒绝操作提示，如图 10-12 所示。

步骤 2：拒绝创建新的数据表。打开 SSMS，将当前数据库设定为"OASystem"，在查询编辑器窗口中输入如下语句。

```
CREATE TRIGGER TABLE_TRIG2
ON DATABASE
AFTER DDL_TABLE_EVENTS
AS
PRINT '此数据库已保护，不能在其中创建表'
ROLLBACK ;
```

触发器创建好后，如果用户进行了创建表操作，系统会给出拒绝操作提示，如图 10-13 所示。

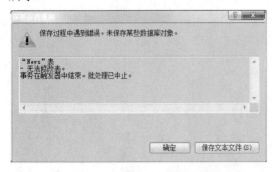

图 10-12 拒绝修改表触发器结果

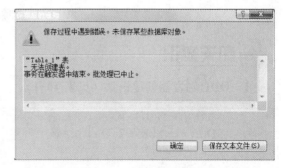

图 10-13 拒绝创建表触发器结果

10.4　MTA 微软 MTA 认证考试样题 10

图书馆的借阅数据库已经开始运行。在运行的过程中 Natasha 发现如果每次人工录入读者借阅和归还图书的时间效率低，工作量大，而且数据的准确性还不能保证。于是她决定引入触发器对象来解决这个问题。

1. 哪种类型的触发器可以解决这个问题？
    a．DML 触发器　　　b．DDL 触发器　　　c．都可以
2. 以下哪些是触发器的优点？
    a．自动执行　　　　b．可以临时禁用　　　c．都是
3. UPDATE 语句会用到什么临时表？
    a．DELETED　　　　b．INSERTED　　　　c．都需要

本章主要介绍了触发器的相关概念和使用方法。作为数据库中保证数据完整及数据库安全的重要对象，用户应该了解触发器的概念和分类，熟悉 DML 和 DDL 两种触发器的作用，并可以熟练地创建、禁用、启用和删除 DML 与 DDL 这两种触发器。

一、填空题

1. 触发器包括（　　）和（　　）两种。
2. DML 触发器包括（　　）和（　　）两种。
3. 在修改记录之后激活的触发器是（　　）触发器。
4. 既能作用于表，也能作用于视图的是（　　）触发器。
5. 用来临时存放触发器里涉及被删除的数据的表是（　　）。
6. 触发器是特殊的（　　）。
7. DDL 触发器根据作用范围可以分为作用在（　　）的触发器和作用在（　　）的触发器两种。

二、选择题

1. 关于触发器的描述不正确的是（　　）。
    A．触发器是一种特殊的存储过程
    B．触发器一旦创建不能更改
    C．对同一个对象可以创建多种触发器
    D．触发器可以用来实现数据完整性
2. 删除触发器的正确命令是（　　）。
    A．DELETE TRIGGER　　　　B．DROP TRIGGER
    C．ALTER TRIGGER　　　　　D．REMOVE TRIGGER

3．触发器使用的两个特殊的表是（　　）。
   A．Deleted、Inserted　　　　B．Delete、Insert
   C．View、Table　　　　　　D．View1、table1
4．以下触发器是当对[表1]进行（　　）操作时触发。

> Create Trigger abc on 表1
> For insert, update, delete
> As ……

   A．只是修改　　　　　　　　B．只是插入
   C．只是删除　　　　　　　　D．修改、插入、删除
5．以下哪个不是DML触发器的功能（　　）？
   A．可以完成比CHECK更复杂的约束要求
   B．比较表修改前后的数据变化，并根据变化采取相应操作
   C．可以保证数据库对象不被错误操作
   D．级联修改具有关系的表
6．下列哪个操作不是DML操作可以保护的（　　）。
   A．UPDATE　　　　　　　　B．INSERT
   C．DELETE　　　　　　　　D．ALTER
7．下列哪个操作不会涉及触发器中的INSERTED表（　　）。
   A．UPDATE　　　　　　　　B．INSERT
   C．DELETE　　　　　　　　D．都不涉及
8．WITH ENCRYPTION选项的作用是（　　）。
   A．规则　　　　　　　　　　B．加密
   C．创建　　　　　　　　　　D．都不是

三、判断题

1．触发器只针对数据，对数据库中的对象没有作用。　　　　　　　　（　　）
2．触发器通常是自动执行的，但是也可以根据用户需要调用执行。　　（　　）
3．触发器的执行总是在数据的插入、更新或删除之前。　　　　　　　（　　）
4．删除表时，表中的触发器也被删除。　　　　　　　　　　　　　　（　　）
5．触发器与约束发生冲突，触发器不执行。　　　　　　　　　　　　（　　）
6．触发器可以保证数据的完整性。　　　　　　　　　　　　　　　　（　　）
7．触发器是特殊的存储过程，所以可以通过EXEC方法直接执行。　　（　　）
8．触发器一旦被创建就一直保护对象，直到被删除。　　　　　　　　（　　）

四、编程题

1．为"File"表创建一个触发器，当其中的"Education"字段发生变化时，提示用户"职工学历已经被修改"。
2．修改上题中的触发器，变为当"File"表中的数据被删除时，提示用户"职工信息被删除"。
3．依次执行对上题中触发器的禁用、启用和删除操作。
4．新建触发器，保护"News"数据表不被修改。

第 11 章　备份与恢复

内容摘要

数据库中保存了大量数据资料，一旦数据丢失或数据库被破坏，会给用户带来不可估量的损失。如果一个存储了企业全部财务信息的数据库丢失，将为企业财务部门带来灾难性的后果。所以，数据库的备份和恢复是 SQL Server 2014 知识体系中的一项重要内容。

在本章中全面讲解数据库的备份和恢复技术，主要包括数据库备份的分类、数据库备份的实际操作、数据库恢复的分类和数据库恢复的实际操作。在重点介绍使用 SSMS 实现备份与恢复的同时，也对使用 SQL 语句完成上述功能进行了介绍。

本章要点

1. 数据库备份的操作。
2. 数据库备份的分类。
3. 数据库备份的 T-SQL 语句。
4. 数据库恢复的操作。
5. 数据库恢复的分类。
6. 数据库恢复的 T-SQL 语句。

11.1 任务一 数据库备份

任务名称：备份 OASystem 数据库。

任务描述：辛苦创建了数据库并录入了数据，一旦遭到破坏，所有辛苦都会付之东流。要想将破坏带来的损失降到最低，就要掌握数据库的备份技术。本任务完成 OASystem 数据库的备份。

1．简要分析

要想备份 OASystem 数据库，首先要知道如何打开备份对话框；其次要全面了解备份对话框中各参数的含义，例如备份的类型，备份文件的存储位置等；最后才是实施备份。这其中最为关键的是要做什么样的备份：是完全备份，还是只备份修改过的部分，即差异备份。

2．实施步骤

完成本任务需要经过以下步骤：以图形化方式备份数据库。

以图形化方式备份数据库方法如下。

步骤 1：备份数据库，打开 SSMS，找到需要备份的数据库 OASystem，右击 OASystem 节点，在弹出的菜单中选择"任务"子菜单中的"备份"命令，具体操作如图 11-1 所示。

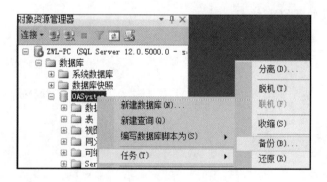

图 11-1 备份数据库

步骤 2：在弹出的"备份数据库"对话框中，可以设置备份数据库的各种选项，在"数据库"下拉框中选择需要备份的目标数据库；在"备份类型"下拉框中选择本次备份的类别；在"备份组件"选项中选择备份"数据库"或"文件和文件组"，在"目标"选项中选择备份文件存放的路径和备份数据的名称。具体操作如图 11-2 所示。

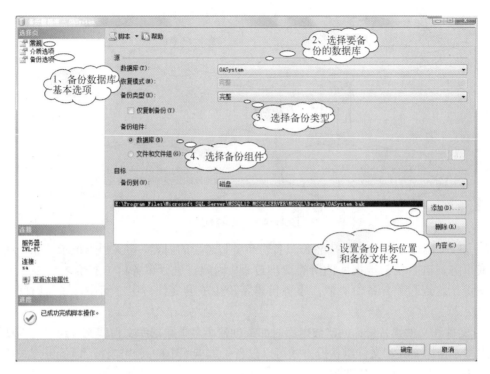

图 11-2　备份数据库对话框

设定结束后，单击"确定"按钮完成备份设定。系统会根据用户设定，自动将数据库备份到指定目录下，备份结束后会弹出提示对话框，如图 11-3 所示。

图 11-3　备份完成提示框

> **友情提醒**：数据库备份的频率应根据其运行规律而定。如果数据变化频繁，则需要经常进行备份，反之就不需要经常备份。

相关知识

1．备份的类型

SQL Server 2014 提供了 4 种备份数据库的方式，如图 11-4 所示。

1）完整备份：备份整个数据库的所有内容，包括数据库文件和事务日志。该类型的备份需要比较大的存储空间和相对较长的时间来存储备份文件。

2）差异备份：差异备份是完整备份的补充，只备份上次完整备份后更改的数据。相对于完整备份来说，差异备份更加节省空间，备份的速度也比完整备份更快。

217

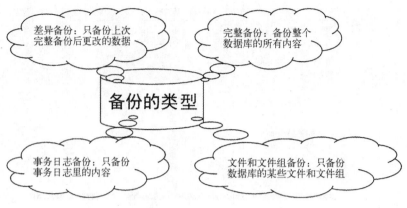

图 11-4　备份的类型

3）事务日志备份：事务日志备份只备份事务日志里的内容。事务日志记录了上一次完整备份或事务日志备份后数据库的所有变动过程，因此在进行事务日志备份之前必须要进行完整备份，这点与差异备份类似。事务日志备份生成的文件占用空间小，备份时间短，执行速度快。

4）文件和文件组备份：创建数据库时如果创建了多个数据库文件或文件组，可以使用该备份类型。使用文件和文件组备份方式可以只备份数据库中的某些文件，该备份方式在数据库文件非常庞大的时候十分有效。

2．使用 SQL 语句备份

SQL Server 2014 提供了一个存储过程 sp_addumpdevice 用于完成备份数据库的操作。

（1）基本语法

```
sp_addumpdevice [ @devtype = ] 'device_type'
    , [ @logicalname = ] 'logical_name'
    , [ @physicalname = ] 'physical_name'
[ , { [ @cntrltype = ] controller_type |
    [ @devstatus = ] 'device_status' } ]
```

（2）参数说明（见表 11-1）

表 11-1　sp_addumpdevice 参数说明

序号	参数	说明
1	device_type	备份设备的类型，disk 是指硬盘文件作为备份设备，tape 是指 Microsoft Windows 支持的任何磁带设备
2	logical_name	备份设备的逻辑名称。logical_name 的数据类型为 sysname，无默认值，且不能为 NULL。是 SQL Server 在管理备份设备时使用的名称
3	physical_name	备份设备的物理名称。物理名称必须遵从操作系统文件名规则或网络设备的通用命名约定，并且必须包含完整路径。physical_name 的数据类型为 nvarchar(260)，无默认值，且不能为 NULL
4	controller_type	该选项已过时，如果指定该选项，则忽略此参数。支持它完全是为了向后兼容
5	device_status	该选项已过时，如果指定该选项，则忽略此参数。支持它完全是为了向后兼容

例如，将当前数据库 OASystem 备份到名称为 beifenOASystem 的备份设备中，备份文件的名称为 OASystem_01.bak，保存位置为 D 盘根目录。在查询编辑器中输入如图 11-5 所示代码，完成备份。

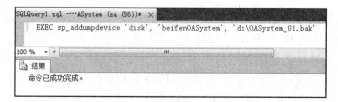

图 11-5　调用存储过程完成备份数据库

11.2　任务二　数据库恢复

 任务描述

任务名称：恢复上个任务中备份的数据库。

任务描述：当数据库遭到破坏时，可以根据相应的备份文件将其从备份设备上恢复。本节的任务就是使用上节的备份文件，恢复 OASystem 数据库，并通过此任务全面掌握数据库的恢复技术。

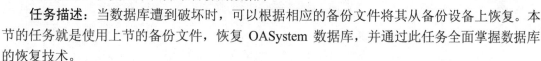

 任务分析

1．简要分析

恢复数据库与备份数据库的思想基本一致，操作的方法大同小异。与备份数据库相似，恢复数据库分为完全恢复和简单恢复。

2．实施步骤

完成本任务需要经过以下步骤：

1）以图形化方式实现数据库的恢复。

2）覆盖现有数据库。

3）保留复制设置。

 任务实现

本任务以图形化方式实现数据库的恢复，其具体步骤如下。

步骤 1：恢复数据库命令。打开 SSMS，找到目标数据库 OASystem，右击"OASystem"节点，从弹出的菜单中依次选择"任务"→"还原"→"数据库"命令，如图 11-6 所示。

图 11-6　选择还原数据库选项

219

步骤 2：还原数据库对话框。在弹出的"还原数据库"对话框中设置恢复的各项参数。在"源"区域中有两个选项，其中，"数据库"下拉框选项可以选择需要还原的源数据库，需要注意的是，此处必须是提前备份过数据库并且存在逻辑设备名称的选项才能还原成功；"设备"文本框选项中可以选择某个备份设备或文件作为数据库恢复源。在"目标"区域中也有两个选项，"数据库"下拉框中可以选择或输入还原的目标数据库名，"还原到"选项可以设置还原的时间点，如图 11-7 所示。

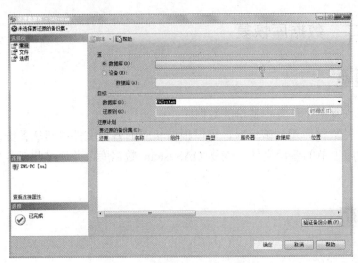

图 11-7 "还原数据库"对话框

如果选择"源数据库"单选按钮，则从数据库的历史备份记录中查找可用的备份，并显示在"还原计划区域"中，如图 11-7 所示。此时不需要指定备份文件的位置或指定备份设备，SQL Server 会自动根据备份记录找到这些文件。

如果选择"源设备"文本框，则需要指定还原的备份设备或文件，单击文本框后面的"打开"按钮，可以打开"选择备份设备"对话框，如图 11-8 所示。在"备份介质类型"下拉框中选择备份介质类型，通常选择文件或备份设备，选择完毕后单击"添加"按钮，将备份文件或备份设备添加进来，如图 11-9 所示。操作完成后，单击"确定"按钮，返回如图 11-10 所示对话框。

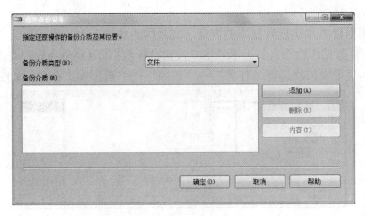

图 11-8 "选择备份设备"对话框

图 11-9 选定备份设备

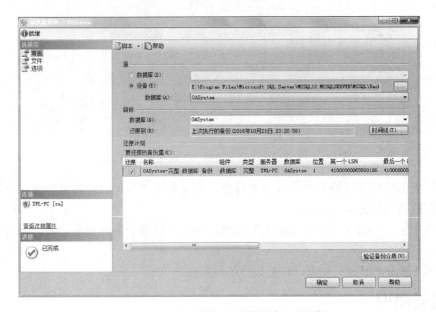

图 11-10 添加后的"还原数据库"对话框

步骤 3：设置"选项"选项卡。在"还原数据库"对话框左侧的"选项"选项卡中可以对还原操作进行简单设置，如图 11-11 所示。

1）覆盖现有数据库：选中此项会覆盖所有现有数据库以及相关文件，包括已存在的其他同名数据库或文件。

2）保留复制设置：选中此项会在将已经发布的数据库还原到创建该数据库的服务器之外的服务器时，保留复制设置。

3）限制访问还原的数据库：选中此项会使还原的数据库只供 db_owner、dbcreator 或 sysadmin 的成员使用。

对于恢复状态选项，如果在下拉列表中选择"RESTORE WITH RECOVERY"选项，则数据库在还原后进入可正常使用的状态，并自动恢复尚未完成的事务。如果本次还原是还原的最后一次操作，可选择该选项。如果选择"RESTORE WITH NORECOVERY"选项，则在还原后数据库仍然无法正常使用，也不恢复未完成的事务，但可以继续还原其他事务日志，使数据库恢复到最接近目前的状态。如果选择"RESTORE WITH STANDBY"选项，则在还原后恢复未完成的事务操作，并使数据库处于只读状态。

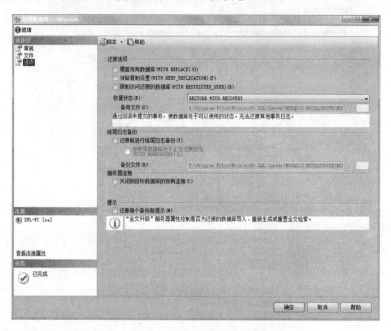

图11-11 "还原数据库"选项设置

如果需要继续使用还原后的事务日志备份，还需要在"结尾日志备份"选项中指定一个还原文件存放被恢复的事务日志。

如果选中了"还原每个设备前提示"选项，则在还原每个备份设备之前，系统都会要求用户确认。

步骤4：单击"确定"按钮，开始执行还原操作。

相关知识

1．恢复的分类

1）完全备份的还原：数据库还原时，无论是进行完整备份、差异备份，还是事务日志备份的还原，首先都要完成完整备份的还原，完整备份的还原只需要备份文件即可。

2）差异备份的还原：差异备份的还原需要两步，一是还原完整备份，二是还原最近一次的差异备份。

3）事务日志备份的还原：还原事务日志备份的步骤比较复杂，通常建立在相应的完整备份和差异备份的基础上。

4）文件和文件组备份的还原：只有数据库中某个文件或文件组损坏时，才使用这种还原模式。

2．使用命令方式恢复数据库

1）基本语法。使用命令行方式恢复数据库的基本语法如下：

```
RESTORE DATABASE database_name FROM backup_device
[WITH [FILE=n],[NORECOVERY|RECOVERY],[REPLACE]]
```

2）参数说明（见表 11-2）。

表 11-2 恢复数据库常用的参数

编 号	常 用 参 数	功 能
1	database_name	目标数据库名称
2	backup_device	还原所需的备份设备逻辑名称
3	FILE=n	从设备上的第 n 个备份中恢复
4	NORECOVERY	数据库恢复完成后不回滚所有未完成的事务
5	RECOVERY	数据库恢复完成后回滚所有未完成的事务
6	REPLACE	创建一个新的数据库，并将备份还原到这个新的数据库，如果服务器上存在同名的数据库，则原来的数据库被删除

11.3 MTA 微软 MTA 认证考试样题 11

分析师团队已经完成对 Humongous 保险公司的内部安全审核。它们在系统中发现了几个弱点，并提出了更正措施，以使关联风险最小化。但在完成其最终报告之前，他们需要了解备份和恢复计划。在与数据库管理员会见之前，工作组复习了数据库备份和还原概念，以便更好地理解这些过程，因为这些概念与 Humongous 保险公司的特有情况相关。

1. 下面哪个备份策略仅复制自从上一次完整备份以来已经更改的文件？
    a．部分备份
    b．增量备份
    c．差异备份
2. 在哪种情况下建议使用复制服务？
    a．数据库必须每周 7 天每天 24 小时可用
    b．数据库非常占用资源
    c．公司的数据库备份使用非现场存储
3. 执行完整备份时，什么信息可选？
    a．尚未更改的数据
    b．诸如用户安全 NAT 这样的服务器文件
    c．自从上次完整备份以来尚未更改的数据

本章小结

本章主要讲解了数据库备份和恢复两个知识点。重点介绍了数据库备份的分类、数据库备份的操作、数据库备份的 T-SQL 语句、数据库恢复的分类、数据库恢复的操作及数据库恢复的 T-SQL 语句。

数据库备份和恢复是确保数据安全可靠的一种重要方式。在 SQL Server 2014 中提供了完整备份、差异式备份、事务日志备份、文件和文件组备份等多种备份方式，同时也相应地提供了多种数据库恢复的方式。灵活运用上述各种备份和恢复方式，可以尽量减少数据库被破坏时带来的损失，提高数据库系统的可靠性和稳定性。

课后习题

一、填空题

1. 为了节省磁盘空间需要删除很久以前没用的备份文件，删除备份使用（   ）系统存储过程。
2. 在删除备份的命令中，（   ）参数是指定物理备份设备文件是否应删除。
3. SQL Server 2014 提供了 4 种备份数据库的方式，它们是（   ）、（   ）、（   ）和（   ）。
4. 备份设备的类型中，（   ）是指硬盘文件作为备份设备，（   ）是指 Microsoft Windows 支持的任何磁带设备。
5. 差异备份的还原一共需要两步，一是还原（   ），二是还原（   ）。
6. 完整备份只要还原（   ）就可以。
7. RESTORE DATABASE 的功能是（   ）。
8. 在还原数据库文件中，参数（   ）是还原的设备逻辑名称。

二、选择题

1. 以下哪种备份只备份上次完整备份后更改的数据（   ）？
   A．文件和文件组备份　　　　　　B．事务日志备份
   C．差异备份　　　　　　　　　　D．完整备份
2. （   ）是完整备份的补充。
   A．文件和文件组备份　　　　　　B．事务日志备份
   C．差异备份　　　　　　　　　　D．完整备份
3. 可以只备份数据库中的某些文件的备份是（   ）。
   A．文件和文件组备份　　　　　　B．事务日志备份
   C．差异备份　　　　　　　　　　D．完整备份
4. SQL Server 2014 提供了一个存储过程（   ）用于完成备份数据库的操作。
   A．sp_addumpdevice　　　　　　　B．sp_umpdevice
   C．sp_device　　　　　　　　　　D．dropdevice
5. 对文件和文件组备份的还原的说法，以下正确的是（   ）。
   A．只有数据库中某个文件或文件组损坏时才使用这种还原模式
   B．要经常进行这种还原
   C．这种还原具有破坏性
   D．这种还原不能恢复数据

三、判断题

1. 在删除备份的命令中 delfile 的数据类型为 char(7)。　　　　　　　　　　　　（   ）
2. 如果用户需要频繁修改数据库，则应该使用差异备份。　　　　　　　　　　（   ）
3. 完整备份能够备份数据库的所有内容，但不包括事务日志。　　　　　　　　（   ）
4. 相对于完整备份来说，差异备份的速度比完整备份快。　　　　　　　　　　（   ）
5. 事务日志备份的特点是文件比较小，占用时间短，执行速度快。　　　　　　（   ）

6. 备份设备的物理名称必须包含完整路径。（   ）
7. 使用语句备份时，其参数 physical_name 无默认值，可以为 NULL。（   ）
8. 无论是完整备份还是差异备份或者事务日志备份的还原，在第一步都要做完整备份的还原。（   ）

四、应用题

1. 简述数据库备份的分类。
2. 简述数据库备份的步骤。
3. 简述数据库恢复的步骤。

第 12 章 数据库安全管理

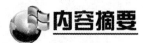 内容摘要

数据库中通常存储着大量的重要数据,所以安全对于管理系统来说是至关重要的。如果有人非法进入数据库并查看、破坏、窃取以及修改重要的数据信息,将会造成极大的危害。

在 SQL Server 2014 中可以使用各种安全管理来保护数据库中的信息资源,以防这些资源被窃取和破坏,本章将重点介绍数据库安全管理的相关知识。

本章要点

1. 了解安全认证。
2. 掌握账户管理方法。
3. 掌握角色管理方法。

12.1 任务一 安全认证

任务名称：为 OASystem 数据库设置安全认证。

任务描述：对任何一个数据库而言，首先要考虑的问题就是安全性。安全性主要是根据用户访问权限的不同来监控用户的操作。当用户访问 SQL Server 中数据库的时候，数据库安全系统验证用户是否可以连接服务器、可以访问哪几个数据库以及具有对数据库的哪些操作权限。本任务是对"OASystem"数据库进行安全认证设置，查看"OASystem"数据库都有哪些账号可以访问，访问权限都是什么。

1．简要分析

安全认证，就是数据"仓库"的"防盗系统"。每个数据库通常有多个用户，这些用户又分成不同的类型，每个类型的用户对数据库操作的权限应该是不同的，这样才能保证数据库的安全。安全认证是 SQL Server 提供的一种针对用户操作权限的认证方式。

2．实施步骤

完成本任务需要经过以下步骤：

1）了解 SQL Server 有哪些验证方式。

2）设置验证方式。

步骤 1：打开服务器属性对话框。打开 SSMS，在"对象资源管理器"里右击服务器节点，在弹出的菜单里单击"属性"命令，如图 12-1 所示。打开"服务器属性"对话框。

步骤 2："安全性"选项卡。打开的"服务器属性"窗体如图 12-2 所示，选择其中"安全性"选项卡。

步骤 3：设置验证模式。在窗体右侧的"服务器身份验证"栏目中进行验证方式的设置。通常默认的验证方式是在用户安装 SQL Server 2014 时设置的。根据任务需要，选中"SQL Server 和 Windows 身份验证模式"单选框，完成设置。

步骤 4：其他设置。用户还可以在"登录审核"选项区域中设置需要的审核方式。SQL Server 系统共提供四种审核方式：

- "无"：不使用登录审核。
- "仅限失败的登录"：记录所有失败登录。
- "仅限成功的登录"：记录所有成功登录。
- "失败和成功的登录"：记录所有登录。

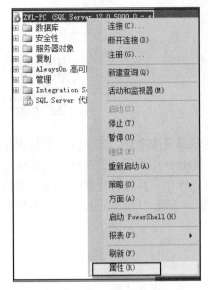

图 12-1 数据库实例属性

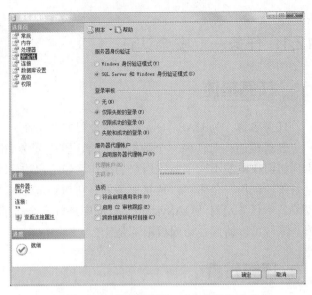

图 12-2 服务器属性-"安全性"选项卡

友情提醒：系统默认选项为"无"，如果选择了"无"以外的其他选项，必须重启服务器才能启用新的审核机制。

相关知识

1. SQL Server 身份验证的两种模式

SQL Server 提供两种身份验证：Windows 身份验证和 SQL Server 身份验证。由两种身份验证派生出两种身份验证模式：Windows 身份验证模式和混合身份验证模式。Windows 身份验证模式使用 Windows 操作系统的安全机制来完成身份验证，使 SQL Server 与 Windows 登录紧密联系到了一起。混合身份验证模式独立进行登录验证，要求用户登录 SQL Server 时必须提供登录账号和登录密码。

2. 用户访问数据库的过程

用户访问数据库中对象及数据需要通过多层验证。首先要建立 SQL Server 服务器连接，这个连接是通过身份验证来完成的。连接后，用户需要再次通过数据库验证才能进入到目标数据库中。进入数据库后，用户可以在自己权限范围内对数据库中的对象及数据进行检索和操作。

友情提醒：建议使用混合模式登录数据库，混合模式相对来说要比 Windows 模式在安全性上高很多。

12.2 任务二 账户管理

任务描述

任务名称：对数据库账户进行管理。

任务描述：SQL Server 作为一个数据库管理平台，支持多用户同时管理和使用系统中的数据库。本任务是给"OASystem"数据库增加一个 SQL Server 登录账号"OAUser"，并授予该账号对"File"表插入和修改的权限，拒绝其删除数据权限。

任务分析

1．简要分析

用户想要使用数据库中的数据，需要经过三个步骤。首先他要具有登录 SQL Server 系统的账号和密码，才可以进入到系统中。其次，当系统管理员将其映射成一个数据库的用户后，他才可以进入到该数据库中。最后，他只能使用被管理员授予的权限来使用该数据库。

2．实施步骤

完成本任务需要经过以下步骤：

1）新建登录账户。

2）映射为数据库用户。

3）管理权限。

任务实现

1．创建登录账号

步骤1：创建登录用户命令。打开 SSMS，在服务器节点中打开"安全性"子节点，右击"登录名"节点，从弹出的菜单中单击"新建登录名"命令，如图 12-3 所示。

步骤2：新建用户对话框。弹出的"登录名-新建"对话框用来设置登录用户的信息。选择"常规"选项卡，可以在该窗体中设置登录用户的类型、名称、密码和默认数据库等信息，如图 12-4 所示。

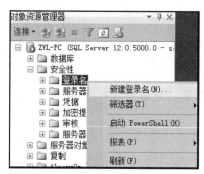

图 12-3 单击"新建登录名"命令

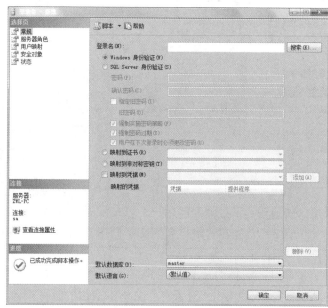

图 12-4 "登录名-新建"对话框

229

步骤3：登录用户类型设置。根据任务要求，在"登录名"文本框下方选择"SQL Server 身份验证"单选项。

步骤4：用户名称设置。在对话框上方"登录名"文本框中输入需要创建的用户名称，需要根据任务，输入"OAUser"。

步骤5：密码设置。用户需要在"密码"和"确认密码"文本框中分别输入该用户的登录密码，并根据需要设置"强制实施密码策略""强制密码过期"和"用户在下次登录时必须更改密码"三个选项。根据任务需要，将密码设定为"userpwd"，不选择"强制实施密码策略"选项。

步骤6：默认数据库。用户通过从下拉控件中选择默认数据库，可以设置该用户登录时默认登录的数据库。此处使用默认的"Master"数据库。

步骤7：如果确定以上设置无误，单击"确定"按钮完成创建，如图12-5所示。

2．映射为数据库用户

步骤1：新建数据库用户命令。展开需要映射用户的目标数据库"OASystem"节点，然后展开其中的"安全性"节点，右击其中的"用户"子节点，从弹出的菜单中单击"新建用户"命令，如图12-6所示。

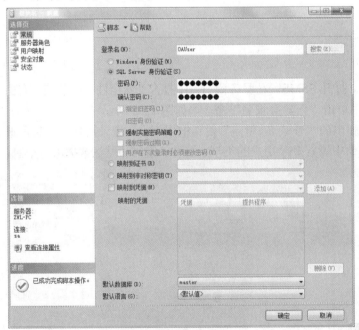

图12-5　设置结果　　　　　　　　　图12-6　单击"新建用户"命令

步骤2：弹出的"数据库用户-新建"对话框如图12-7所示。需要在其中指定将哪个登录用户映射为当前数据库的用户，以及赋予他的数据库角色等。

步骤3：首先在"用户名"文本框中输入新建用户的名称，此处使用与登录用户一样的名称"OAUser"。

步骤4：选择对应登录用户。然后在"登录名"文本框中输入对应登录用户的名称"OAUser"，或者单击"登录名"文本框右边的打开按钮，弹出如图12-8所示的"选择登录名"对话框。单击对话框中的"浏览"按钮，从弹出的如图12-9所示的"查找对象"对话框中选择系统中已经存在的"OAUser"登录账号。

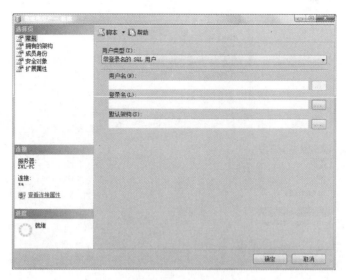

图 12-7 "数据库用户-新建"对话框

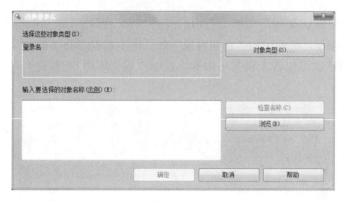

图 12-8 "选择登录名"对话框

图 12-9 "查找对象"对话框

步骤 5：设置结束后，单击"确定"按钮依次退出各个设置对话框，返回"数据库用户-新建"对话框，如图 12-10 所示。

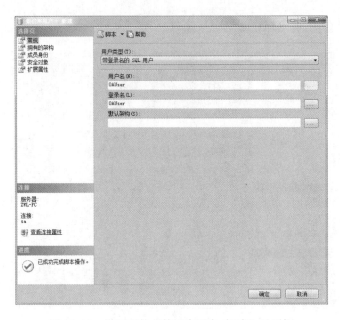

图 12-10 设置后的"数据库用户-新建"对话框

步骤 6：单击"默认架构"文本框右边的打开按钮，弹出"选择架构"对话框。单击对话框中的"浏览"按钮，从弹出的"查找对象"对话框中选择"db_owner"，如图 12-11 所示，单击"确定"按钮依次退出各个设置对话框，返回"数据库用户-新建"对话框，如图 12-12 所示。

图 12-11 "选择架构-查找对象"对话框

步骤 7：在"拥有的架构"中指定用户所使用的框架，在"成员身份"中为用户指定相应的数据库角色。单击"确定"按钮关闭对话框，完成数据库用户的创建和角色的指定。

3．权限设置

步骤 1：用户属性命令。首先在目标数据库"OASystem"的"安全性"节点下找到"用户"子节点，展开该节点，右击目标用户"OAUser"子节点，从弹出的菜单中单击"属性"命令，如图 12-13 所示。

图 12-12 完成后的"数据库用户-新建"对话框

步骤 2：用户设置。在弹出的"数据库用户"窗体中可以查看目标用户的基本信息及进行详细的设置，例如用户名称、权限、角色等，如图 12-14 所示。

图 12-13 单击"属性"命令　　　　　　　图 12-14 "数据库用户"窗体

步骤 3：选择数据库目标对象范围。选择对话框中的"安全对象"标签。单击对话框中央的"搜索"按钮，弹出"添加对象"对话框，如图 12-15 所示。该对话框用来指定目标对象的类型。根据任务，从中选择"特定类型的所有对象"选项后，单击"确定"按钮，弹出"选择对象类型"对话框，如图 12-16 所示。

233

 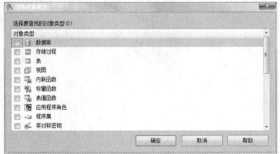

图 12-15 "添加对象"对话框　　　　　图 12-16 "选择对象类型"对话框

步骤 4：选择对象类型。从"选择对象类型"对话框中选择需要为目标用户设置权限的对象类型（任务中的目标为"表"）后，单击"确定"按钮，系统回到"安全对象"对话框，其中列出了所有的表及表中对应的权限设置，如图 12-17 所示。

图 12-17 "安全对象"对话框

步骤 5：权限设置。根据任务，选择目标对象"File"表，根据任务要求，对该表的权限进行相应设置。授予用户插入和更新权限，拒绝用户更改权限，如图 12-18 所示。

步骤 6：保存退出。设定结束后，单击"确定"按钮，完成设置。

1. 账户登录服务器验证模式

SQL Server 身份验证模式与 Windows 身份验证模式不同。该验证方式中，SQL Server 负责把用户连接服务器的登录名、密码与系统表"syslogins"中的登录项进行比较，如果能够在"syslogins"表中找到匹配的数据，用户就通过认证并登录服务器。

图 12-18　权限设置

2．Windows 验证模式与 SQL Server 验证模式的区别

Windows 验证模式适用于 Windows 操作系统，用户只需要管理 Windows 登录账号和密码即可，不需要管理 SQL Server 的登录用户名和密码。SQL Server 验证模式适用于所有操作系统，为非 Windows 环境提供了身份验证方案。在应用程序开发中，客户端程序通常使用 SQL Server 验证模式。

【操作实例 12-1】创建并管理登录用户。本操作实例要求创建一个新的 SQL Server 登录用户"new_OAUser"，密码为"pwd"。将其设置为数据库"OASystem"的用户。授予其修改"News"表中数据的权限，拒绝其向"News"表中添加数据的权限。

（1）创建登录账号。

步骤 1：打开 SSMS，在服务器节点中打开"安全性"子节点，右击"登录名"节点，从弹出的菜单中单击"新建登录名"命令。

步骤 2：在弹出的"新建登录名"对话框中首先选择"SQL Server 身份验证"单选项，创建一个 SQL Server 登录用户。

步骤 3：在对话框上方"登录名"文本框中输入需要创建的用户名称"new_OAUser"。

步骤 4：在"密码"和"确认密码"文本框中分别输入该用户的登录密码"pwd"，不选择"强制实施密码策略"选项。

（2）映射为数据库用户。

步骤 1：展开需要映射用户的目标数据库"OASystem"节点，然后展开其下面的"安全性"节点，右击其中的"用户"子节点，从弹出的菜单中单击"新建用户"命令。

步骤 2：在弹出的"数据库用户－新建"对话框中选择用户类型为"带登录名的 SQL 用户"，在"用户名"文本框中输入新建用户的名称，此处使用与登录用户一样的名称，输入"new_OAUser"。

步骤3：然后在"登录名"文本框中输入对应登录用户的名称"new_OAUser"。

步骤4：设置结束后，单击"确定"按钮退出对话框，完成数据库用户的创建。

（3）权限设置。

步骤1：在目标数据库"OASystem"的"安全性"节点下找到"用户"子节点，展开该节点，右击目标用户"new_OAUser"子节点，从弹出的菜单中单击"属性"命令。

步骤2：在弹出的"数据库用户"对话框中搜索目标基本表"News"，并将搜索结果填入到"安全对象"下方的对象栏中。

步骤3：根据任务，对其权限进行设置。授予其修改"News"表中数据的权限，拒绝其向"News"表中添加数据的权限。

步骤4：保存退出。设定结束后，单击"确定"按钮，完成设置。

12.3 任务三 角色管理

任务名称：管理数据库中的角色。

任务描述：为了便于管理数据库中的诸多用户，在 SQL Server 中引入了角色的概念。角色是 SQL Server 中用于分组管理用户的安全主体，类似于 Windows 中的用户组。不同的角色在服务器及数据库中拥有不同的权限，角色中的用户则拥有相同的权限。在 SQL Server 中对某个角色权限的设置会影响到该角色中的所有用户，可以达到统一管理一批用户的目的。

在该任务中，首先创建一个新的数据库角色"new_role"。该角色权限在现有角色"db_owner"权限的基础上，拒绝其删除"File"表中数据。最后将前面任务创建的用户"OAUser"添加到角色"new_role"中。

1．简要分析

角色是为了方便管理用户权限而设置的对象，它是一个概念而不是一个具体的事物。就如同男同学、女同学，并不是指某一个具体的学生，而是一群具有相同特征的学生的集合。

2．实施步骤

完成本任务需要经过以下步骤：

1）创建角色并管理权限。

2）添加现有用户到角色组中。

1．创建新数据库角色

步骤1：打开创建对话框。在 SSMS 中依次展开"OASystem"→"安全性"→"角色"

节点。右击"角色"子节点，从弹出的菜单中单击"新建"→"新建数据库角色"命令，如图 12-19 所示。

图 12-19　新建角色命令

步骤 2：设置角色名称。弹出的"数据库角色-新建"对话框用来对新角色的名称和权限等信息进行设置，如图 12-20 所示。

图 12-20　"数据库角色-新建"对话框

根据任务，在"角色名称"输入栏中输入新角色名称"new_role"。

步骤 3：设置角色架构。新角色建立在现有角色"db_owner"上，所以在对话框中的"此角色拥有的架构"栏中选中"db_owner"角色。

友情提醒："db_owner"角色是数据库的拥有者，具有对数据库操作的所有权限。

步骤 4：其他权限。任务要求拒绝该用户删除"File"表中数据的权限。选择窗体左侧的"安全对象"标签，在新的窗口中设置该角色权限，拒绝其对于"File"表中数据的删除权限，设置方法与前面任务中设置用户权限的相同，不再复述。

步骤 5：退出角色创建。权限设置结束后，单击对话框的"确定"按钮，完成新角色的创建。

2．添加用户到角色中

步骤 1：找到目标用户。在 SSMS 中依次展开"OASystem"→"安全性"→"用户"节点。右击其中的"OAUser"用户子节点，从弹出的菜单中单击"属性"命令，如图 12-21 所示。

步骤 2：角色组添加。弹出的"数据库用户-OAUser"对话框用来设置该用户的权限及角色组。从对话框中下方的"数据库角色成员身份"栏目中，选中刚才创建的新角色"new_role"，将该用户添加到这个角色组中，如图 12-22 所示。

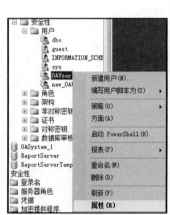

图 12-21　单击"属性"命令　　　　　　图 12-22　角色添加界面

步骤 3：保存设置。设置完成后，单击"确定"按钮完成设置。

1．数据库角色及其权限（见表 12-1）

表 12-1　数据库角色及其权限

序 号	类 型	说 明
1	public	维护数据库中用户的所有默认权限
2	db_owner	执行所有数据库角色的活动
3	db_accessadmin	增加或删除数据库用户、组和角色
4	db_ddladmin	增加、修改或删除数据库中的对象
5	db_securityadmin	分配语句和对象权限

(续)

序 号	类 型	说 明
6	db_backupoperator	执行数据库备份操作
7	db_datareader	读取任意表的数据
8	db_datawriter	增加、修改或删除所有表中的数据
9	db_denydatareader	不能读取任意表的数据
10	db_denydatawriter	不能更改任意表的数据

2. SQL Server 2014 中角色的类别

1）服务器角色：系统内置的，不允许用户创建。

2）数据库角色：数据库角色是定义在数据库级别上的，存在于每个数据库中。

3）应用程序角色：应用程序角色也是数据库主体。应用程序角色在默认情况下不包含任何成员，并且是非活动的，需要通过存储过程 sp_setapprole 来激活。

【操作实例 12-2】创建角色并添加用户。本操作实例要求为数据库"OASystem"创建一个新的数据库角色"update_user"，允许其修改数据库"File"和"News"表中的数据，并将前面操作实例建立的"new_OAUser"用户添加到这个角色中。

（1）创建新数据库角色

步骤 1：在 SSMS 中依次展开"OASystem"→"安全性"→"角色"节点。右击"角色"子节点，从弹出的菜单中单击"新建"→"新建数据库角色"命令。

步骤 2：在弹出的"数据库角色-新建"对话框中的"角色名称"输入栏中输入新角色名称"update_user"。

步骤 3：选择对话框左侧的"安全对象"标签，在新的窗口中设置该角色权限。允许其修改"File"和"News"表中的数据，设置方法与前面任务中设置用户权限的相同，不再复述。

步骤 4：权限设置结束后，单击对话框的"确定"按钮，完成新角色的创建。

（2）添加用户到角色中

步骤 1：在 SSMS 中依次展开"OASystem"→"安全性"→"用户"节点。右击其中的"new_OAUser"用户子节点，从弹出的菜单中单击"属性"命令。

步骤 2：在弹出的"数据库用户-OAUser"对话框下方的"数据库角色成员身份"栏目中，选中刚才创建的新角色"update_user"，将该用户添加到这个角色组中。

步骤 3：保存设置。设置完成后，单击"确定"按钮完成设置。

12.4 MTA 微软 MTA 认证考试样题 12

最近，媒体已经报道了很多起由于多种安全漏洞导致公司失去顾客和客户记录的事例。Humongous 保险公司不想在头条新闻中看见自己的名字，因此该公司决定完成内部审核，找出其信息系统中任何可能存在的安全风险。分析师团队非常熟悉诸如物理安全、内部安全和外部安全这样的风险的可能区域。按照审核人员的建议，该公司有一个良好的安全计划，用于通过识别用户和他们可以执行的操作来确保数据完整性，并保护数据不受黑客侵害。但其他方面需要考虑全面的安全计划。

1. 物理安全计划应当包括什么？
   a. 所存储的用户账户和密码的位置
   b. 数据库管理员的位置
   c. 具有受限访问权的服务器的位置
2. 哪个策略与内部安全计划不相关？
   a. 提供备份和操作连续性
   b. 删除旧的和没有用的用户账户
   c. 强制用户账户使用强密码
3. 以下哪个不是安全攻击的示例？
   a. 应用角色以授予访问权
   b. 特权升级
   c. SQL 注入

本章以数据库安全为核心，展开了安全认证、账户设置与管理及角色设置三个模块的讲解。具体讲述数据库安全性的设置、创建账户和角色、管理账户和角色的权限等知识。

一、填空题
1. 系统自动创建的 SQL Server 用户管理员是（   ）。
2. 很多个同类的用户归类成一组，称为（   ）。
3. 角色按照级别分类，分为（   ）角色和（   ）角色。
4. Windows 用户和 SQL Server 用户中，安全性较高的用户是（   ）。
5. SQL Server 共有（   ）种登录审核方式。
6. 数据库角色中，用来专门读取数据的角色是（   ）。
7. 登录用户及数据库用户的管理通常是在 SSMS 相应的（   ）节点中。

二、选择题
1. 当服务器使用 Windows 验证模式时，用户在登录的时候需要填写（   ）。
   A. Windows 操作系统账号和口令
   B. 什么也不用填
   C. Windows 操作系统，无需口令
   D. 以上的选项都行
2. 使用（   ）方式，需要用户登录时提供用户标识和密码。
   A. Windows 身份验证   B. 以超级用户身份登录
   C. SQL Server 身份验证   D. 其他方式登录
3. SQL Server 有（   ）种验证登录方式。
   A. 1   B. 2   C. 3   D. 4

4．表的拥有者角色名称是（　　）。
   A．sa　　　　　B．guest　　　　　C．user　　　D．owner
5．下列哪个选项不是权限类别（　　）。
   A．授予　　　　B．具有授予权限　　C．拒绝　　　D．收回
6．关于登录和用户，下列说法错误的是（　　）。
   A．创建用户时必须存在一个用户的登录
   B．一个登录可以对应多个用户
   C．登录是在服务器级别创建，用户是在数据库级别创建
   D．用户和登录必须同名
7．关于服务器角色说法错误的是（　　）。
   A．系统自动内置　　　　　　　　B．不允许用户创建
   C．权限可以配置　　　　　　　　D．新建登录默认为角色为"Public"
8．关于数据库角色说法错误的是（　　）。
   A．建立在数据库级别上
   B．不允许用户创建
   C．每个数据库都有
   D．权限最大的角色组是"db_owner"

三、判断题

1．数据的安全性主要防范的对象是合法用户。（　　）
2．登录用户创建好后就可以访问数据库了。（　　）
3．每一个数据库用户的背后都有一个登录用户。（　　）
4．每个用户的权限都是 SA 系统管理员给的。（　　）
5．角色的权限一旦更改，其中的用户权限就会做出相应修改。（　　）
6．每个数据库只有一个用户。（　　）
7．同一角色中的用户权限一定相同。（　　）
8．数据库用户的名称可以与对应的登录用户名称不一致。（　　）

四、应用题

1．简述 Windows 验证模式与 SQL Server 验证模式的区别。

2．为"OASystem"数据库创建一个名为"Insertuser"的用户。并且设定该用户的权限为可以针对"File"和"News"表进行添加操作。

3．为"OASystem"数据库创建一个名为"Deleterole"的角色，授予其可以删除"File"表中数据的权限。

4．将"Insertuser"用户添加到"Deleterole"角色中。

参 考 文 献

[1] 王珊，萨师煊．数据库系统概论[M]．3版．北京：高等教育出版社，2006．

[2] ULLMAN J D，WIDOM J．数据库系统基础教程[M]．岳丽华，金培权，万寿红，译．北京：机械工业出版社，2010．

[3] BEN-GAN I．SQL Server 2012 T-SQL 基础教程[M]．张洪举，李联国，张昊天，译．北京：人民邮电出版社，2013．

[4] 贾铁军．数据库原理应用与实践：SQL Server 2014[M]．北京：科学出版社，2015．

[5] 王岩，贡正仙．数据库原理、应用与实践（SQL Server）[M]．北京：清华大学出版社，2016．

[6] 李岩，张瑞雪．SQL Server 2012 实用教程[M]．北京：清华大学出版社，2015．

[7] 秦婧，傅冬，王斌．SQL Server 2014 数据库教程[M]．北京：机械工业出版社，2017．

[8] 胡伏湘，肖玉朝．SQL Server 2014 数据库技术实用教程[M]．北京：清华大学出版社，2017．

[9] 陈承欢，赵志茹，肖素华．SQL Server 2014 数据库应用、管理与设计[M]．北京：电子工业出版社，2016．

[10] 曾建华，梁雪平．SQL Server 2014 数据库设计开发及应用[M]．北京：电子工业出版社，2016．

[11] JORGENSEN A，BALL B，WORT S，LOFORTE R，KNIGHT B．SQL Server 2014 管理最佳实践[M]．宋沄剑，高继伟，译．北京：清华大学出版社，2016．

[12] 郑阿奇．SQL Server 实用教程：SQL Server 2014 版[M]．北京：电子工业出版社，2015．

[13] 马俊，袁暋．SQL Server 2012 数据库管理与开发[M]．北京：人民邮电出版社，2016．

[14] 高云．SQL Server 2012 数据库技术实用教程 [M]．北京：清华大学出版社，2016．

[15] ROB P，CORONEL C．Database Systems-Design，Implementation，and Management[M]．Boston：Cengage Learning，2011．